Advance[illegible] Computer Science

APCS

大學程式設計先修檢測

最強考衝特訓班

C/C++解題攻略

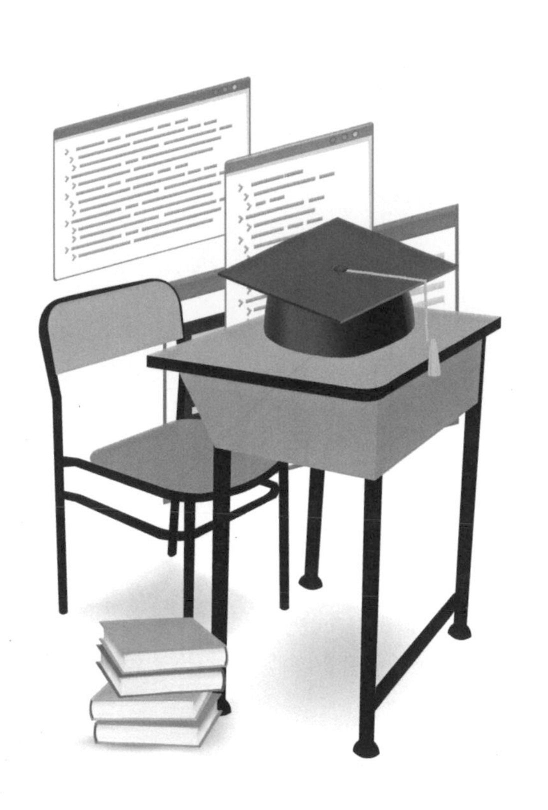

ABOUT eHappy STUDIO

關於文淵閣工作室

常常聽到很多讀者跟我們說：我就是看您們的書學會用電腦的。是的！這就是我們寫書的出發點和原動力，想讓每個讀者都能看我們的書跟上軟體的腳步，讓軟體不只是軟體，而是提昇個人效率的工具。

文淵閣工作室是一個致力於資訊圖書創作三十餘載的工作團隊，擅長用循序漸進、圖文並茂的寫法，介紹難懂的 IT 技術，並以範例帶領讀者學習程式開發的大小事。我們不賣弄深奧的專有名辭，奮力堅持吸收新知的態度，誠懇地與讀者分享在學習路上的點點滴滴，讓軟體成為每個人改善生活應用、提昇工作效率的工具。舉凡應用軟體、網頁互動、雲端運算、程式語法、App開發，都是我們專注的重點，衷心期待能盡我們的心力，幫助每一位讀者燃燒心中的小宇宙，用學習的成果在自己的領域裡發光發熱！

我們期許自己能在每一本創作中注入快快樂樂的心情來分享，也期待讀者能在這樣的氛圍下，快快樂樂的學習。

文淵閣工作室讀者服務資訊

如果您在閱讀本書時有任何的問題或是許多的心得要與所有人一起討論共享，歡迎光臨文淵閣工作室網站，或者使用電子郵件與我們聯絡。

文淵閣工作室網站 **http://www.e-happy.com.tw**

服務電子信箱 **e-happy@e-happy.com.tw**

Facebook粉絲團 **http://www.facebook.com/ehappytw**

總 監 製 鄧文淵

監　　督 李淑玲

行銷企劃 David · Cynthia

責任編輯 邱文諒 · 鄭挺穗

執行編輯 邱文諒 · 鄭挺穗 · 黃信溢

企劃編輯 黃信溢

SUPPORTING MEASURE

學習資源說明

為了確保您使用本書學習的效果，並能快速練習或觀看範例，本書特別提供作者製作的完整範例檔案，供您操作練習時參考或是先行測試使用。

光碟內容

1. **本書範例**：將各章範例的完成檔依章節名稱放置各資料夾中。
2. **教學影片**：特別將書中的實作題解題錄製成影音教學影片，請依光碟中連結開啟單元進行參考及學習。
3. **Python實作解題PDF**：本書特別針對實作題以目前最流行的 Python 進行解題，提供給讀者進一步參考。

專屬網站資源

為了加強讀者服務，並持續更新書上相關的資訊的內容，我們特地提供了本系列叢書的相關網站資源，您可以由文章列表中取得書本中的勘誤、更新或相關資訊消息，更歡迎您加入我們的粉絲團，讓所有資訊一次到位不漏接。

藏經閣專欄　http://blog.e-happy.com.tw/?tag=程式特訓班
程式特訓班粉絲團　https://www.facebook.com/eHappyTT

注意事項

CONTENTS

本書目錄

07. 106 年 03 月觀念題

08. 106 年 03 月實作題

09. 106 年 10 月實作題

附錄 Python 實作解題

本附錄為 PDF 電子檔格式，置放於書附光碟中。

認識 APCS 資訊能力檢測

1.1 APCS 資訊能力檢測

107 年大學個人申請共有 22 校系參採 APCS 資訊能力檢測，108 年增加到 31 校系，預期將來有越來越多校系參採 APCS 檢測成績。若考生考過 APCS 檢測，便能夠申請許多學校的資訊相關科系的 APCS 組，所以建議想要報考資訊相關科系的同學，一定要做 APCS 檢測！

1.1.1 APCS 是什麼？

程式設計在資訊科學當中扮演著基礎並重要的角色。學生透過撰寫程式能夠實驗課堂中學習到的理論並發揮自己的創意寫出各式各樣功能的軟體。如今學生的資訊能力日益受到重視，而公部門討論的大學先修課程檢定測驗，未觸及資訊科學，且資訊科學並不在學測考試項目中，不論在推薦入學、申請入學或考試入學等管道，對於學生的資訊能力尚缺乏客觀的評量依據。

APCS 是 Advanced Placement Computer Science 的英文縮寫，是指「大學程式設計先修檢測」。其檢測模式乃參考美國大學先修課程 (Advanced Placement，AP)，與各大學合作命題，並確定檢定用題目經過信效度考驗，以確保檢定結果之公信力。

APCS 的指導單位是「教育部資通訊軟體創新人才推升計畫」，執行單位是「國立臺灣師範大學資訊工程學系」，期望舉辦具公信力之「程式設計檢測」，檢驗具備程式設計能力之高中職學生的學習成果，提供大學作為選才的參考依據。並藉由此檢測的推動，除了讓高中職重視資訊科學課程的學習外，亦讓大學酌訂抵免程式設計學分的相關措施。

1.1.2 APCS 試題

APCS 檢測包含兩個科目：「程式設計觀念」及「程式設計實作」，兩科均以中文命題，採線上方式進行測驗。

程式設計觀念

程式設計觀念使用單選題命題，以運算思維、問題解決與程式設計觀念測試為主。測試包含程式追蹤 (code tracing)、程式補全 (code completion)、程式除錯 (code debugging) 等題型。

題目若需提供程式片段，則以 C 語言命題。

程式設計觀念命題內容領域包括：

- 程式觀念 (Programming Concepts)
- 資料型態 (Data types)、常數 (constant)、變數 (variable)、全域變數 (Global)、區域變數 (Local)
- 控制結構 (Control structures)
- 迴圈 (Loop structures)
- 函數 (Functions)
- 遞迴 (Recursion)
- 陣列 (Array)、結構 (Structures)

程式設計實作

以撰寫完整程式或副程式為主。可自行選擇以 C、C++、Java 或 Python 撰寫程式。

成績計算方式

程式設計觀念試題共 25 題，總分為 100 分。觀念題分兩節檢測，每節 25 題，每節檢測時間為 75 分鐘。

程式設計實作共有 4 題，每題 100 分，總分為 400 分，檢測時間為 150 分鐘。每題實作題有 10-20 組測試資料，依不同完成程度評定分數。

分數與級別對照表如下：

級分	程式設計觀念題	程式設計實作題	
	分數範圍	分數範圍	說明
五	90 ~ 100	350 ~ 400	具備常見資料結構與基礎演算程序運用能力
四	70 ~ 89	250 ~ 349	具備程式設計與基礎資料結構運用能力
三	50 ~ 69	150 ~ 249	具備基礎程式設計與基礎資料結構運用能力
二	30 ~ 49	50 ~ 149	具備基礎程式設計能力
一	0 ~29	0 ~ 49	尚未具備基礎程式設計能力

1.1.3 APCS 考試資訊

報名資格

任何人皆可報名參加，尤其鼓勵全國高級中等學校之學生參加檢測，對大學升學將大有助益。

若為中華民國國籍之考生需持有國民身分證，應考時會檢查中華民國國民身分證才能入場考試。

一律採個別線上報名，沒有提供團體報名。

線上報名大約為檢測日前二個月開放，可上 APCS 官網查詢 (https://apcs.csie.ntnu.edu.tw/index.php)。

費用

免費。

考試時程

APCS 每年 2 月、6 月與 10 月皆辦理檢測，2 月及 6 月舉辦包含觀念題及實作題的檢測，而 10 月舉辦的檢測只有實作題。

1.2 建置 APCS 檢測環境

為了讓受試者可以熟悉 APCS 測試環境，以便在考試時減少測試環境造成的干擾，得到最佳成績，可使用 VirtualBox 建立虛擬環境，而 APCS 官網貼心的提供了測試環境的 ISO 檔，使用者下載後就可建立 APCS 檢測環境了！

1.2.1 安裝 VirtualBox

開啟瀏覽器到「https://www.virtualbox.org/wiki/Downloads」下載 VirtualBox 安裝檔：選擇使用的作業系統，例如 Windows 系統點選 **Windows hosts** 就會下載安裝檔。

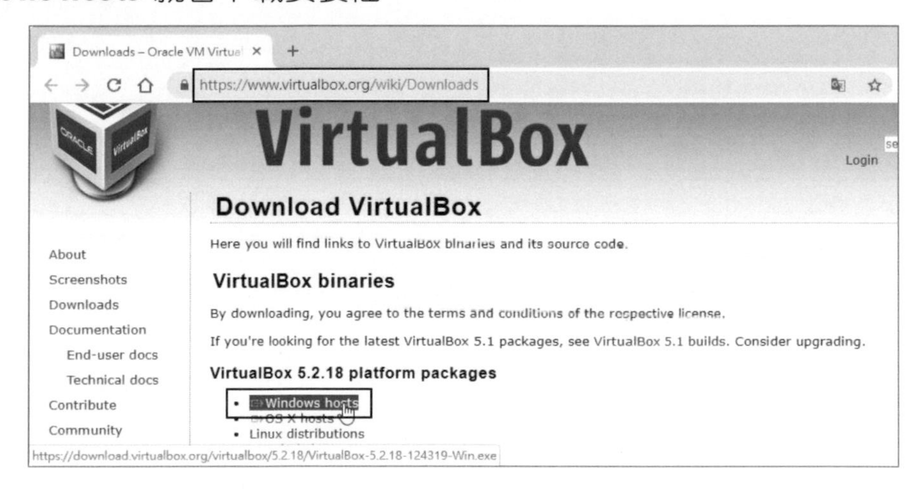

於下載的 <VirtualBox-5.2.18-124319-Win.exe> 按滑鼠左鍵兩下執行，連按三次 **下一步** 鈕，出現告知會暫時中斷網路頁面，按 **是** 鈕。

接著按 **安裝** 鈕開始安裝，一段時間後按 **完成** 鈕結束安裝程序。

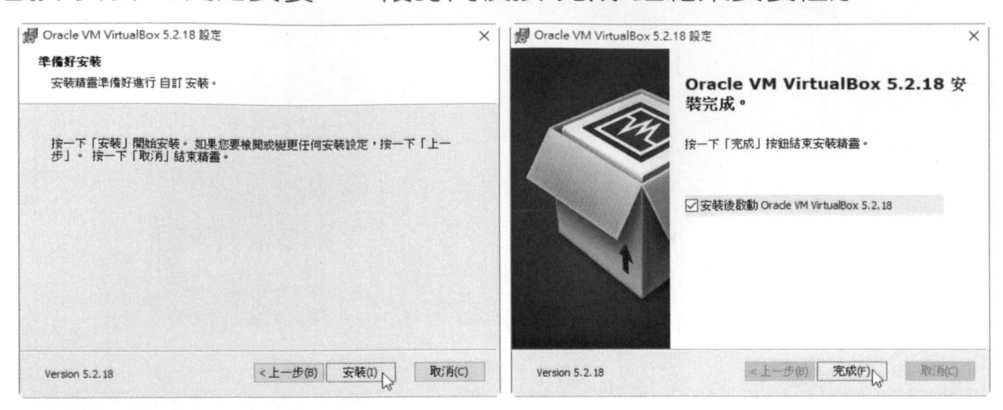

1.2.2 建立 APCS 虛擬機器

首先下載 APCS 虛擬環境 ISO 檔：開啟「https://apcs.csie.ntnu.edu.tw/」網頁，點選 **檢測內容 / 檢測環境**。

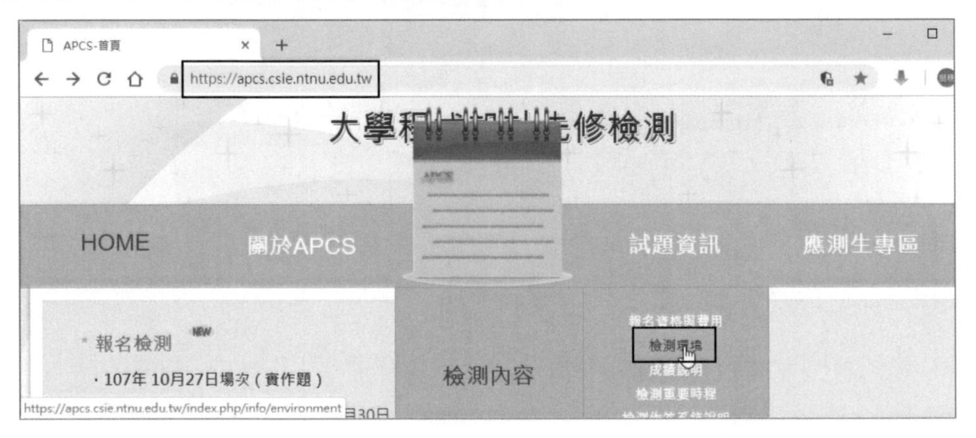

點選 **APCS 環境 For VirtualBox (iso)** 就會下載 APCS 虛擬環境 ISO 檔。

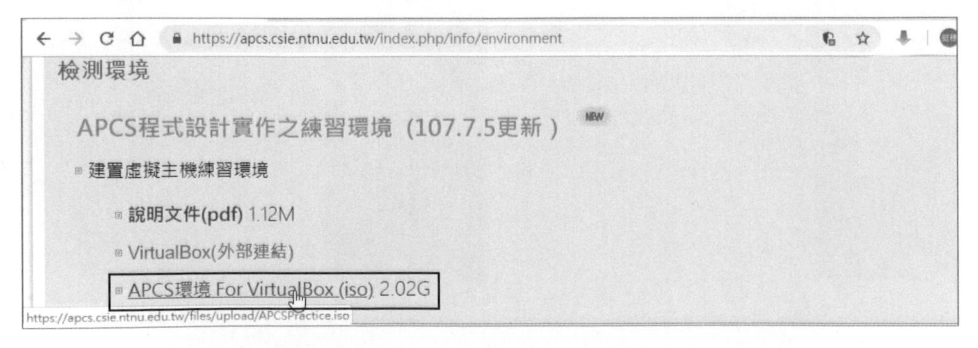

將下載的 <APCSPractice.iso> 複製到任意資料夾，例如 D 磁碟機根目錄。

啟動 VirtualBox，按 **新增** 鈕，**名稱** 欄可自訂，此處命名為「APCS」，**類型** 欄選擇 **Linux**，**版本** 使用 **Ubuntu 64**，按 **下一步** 鈕。

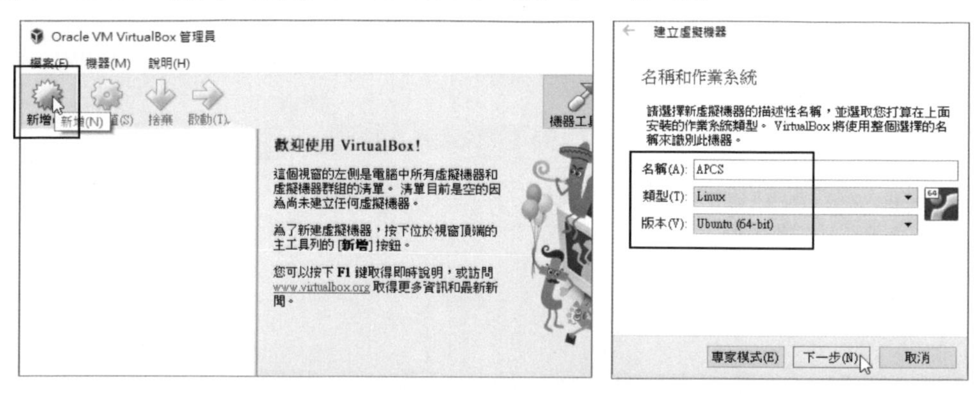

記憶體大小 設為 **2048MB** ，按 **下一步** 鈕。**硬碟** 核選 **不加入虛擬硬碟**，按 **建立** 鈕，再按 **繼續** 鈕。

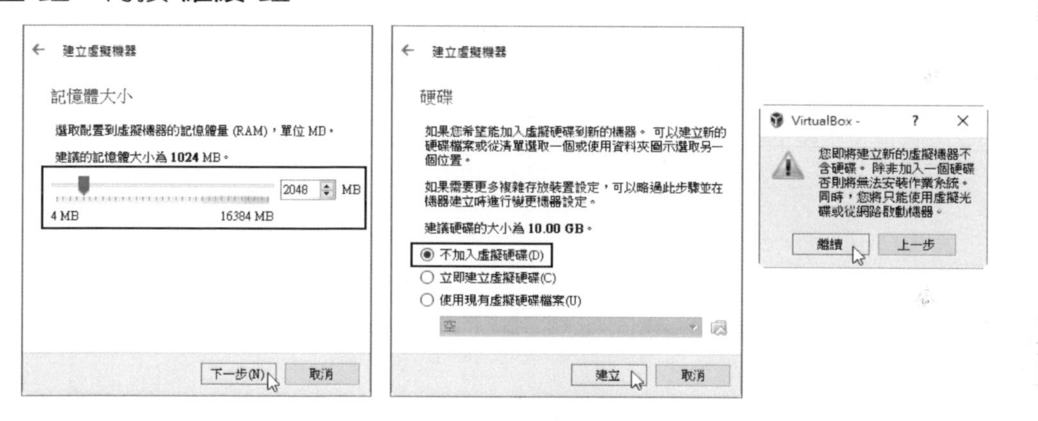

回到 VirtualBox 管理員可見到已建立 APCS 虛擬機器，按 **設定值** 鈕，於 **APCS- 設定** 頁面點選左方 **存放裝置** 項目，按右方 鈕新增光碟機。

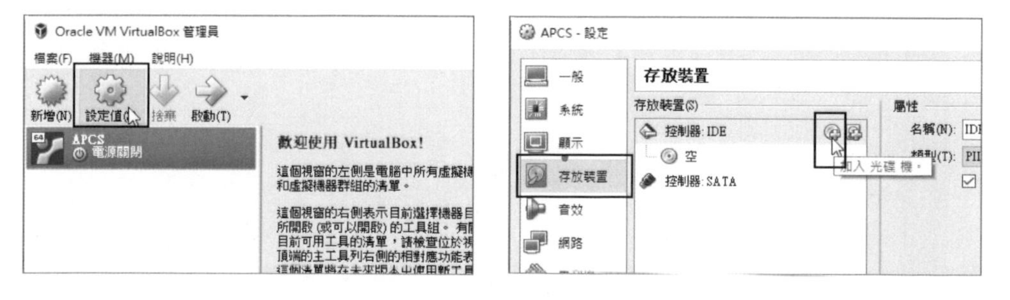

點選 **選擇磁碟**，在 **選擇虛擬光碟檔案** 對話方塊選擇 <D:\APCSPractice.iso> 檔案，回到 **APCS- 設定** 頁面按 **確定** 鈕完成虛擬機器建立程序。

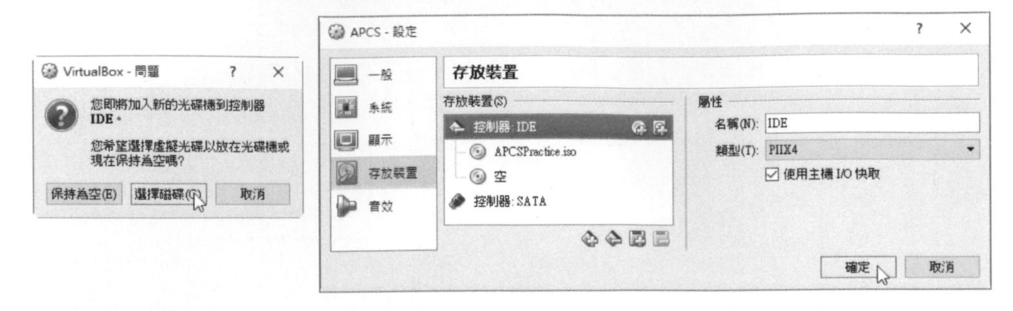

1.2.3 建立 Code Blocks 專案

APCS 實作題可使用 C、C++、Java 及 Python 作答，但觀念題則是以 C 語言命題，所以本書以 C++ 語言做為運作環境。

啟動 VirtualBox，點選 **APCS** 虛擬機器，按 **啟動** 鈕。

預設是以 **Boot Live system** 方式啟動，直接按 **Enter** 鍵啟動即可，或者 10 秒後會自動啟動。

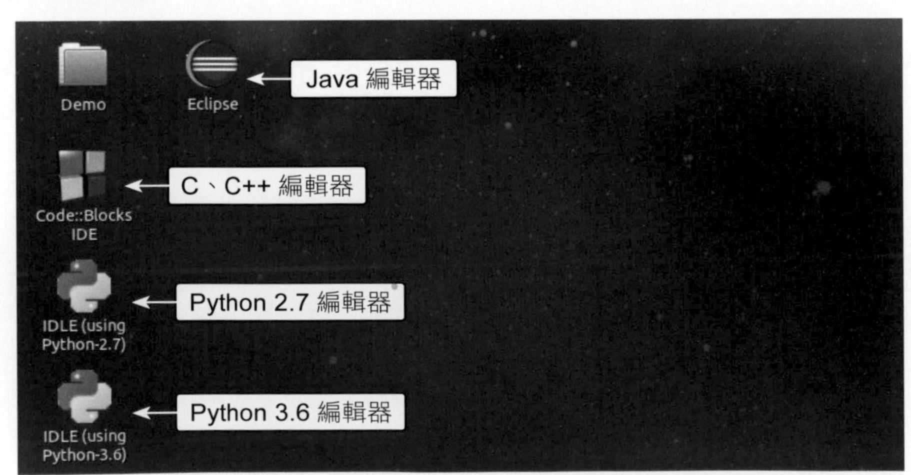

設定剪貼簿

預設虛擬機器的剪貼簿與 Windows 系統的剪貼簿不能互通，例如在 Windows 系統複製了資料，無法貼到虛擬機器中，這造成了相當的困擾。執行功能表 **裝置 / 共用剪貼簿 / 雙向**，虛擬機器與 Windows 系統的剪貼簿資料就可互相使用了！

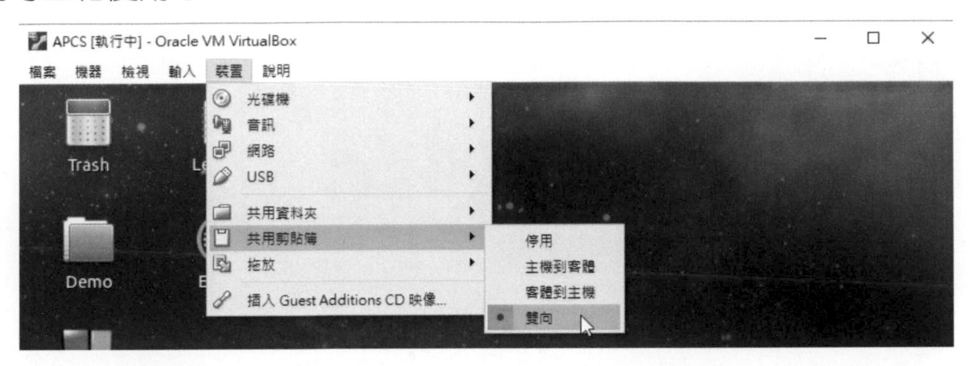

建立 C++ 專案

在虛擬機器桌面以滑鼠左鍵按 **Code Blocks** 捷徑兩下就會開啟 Code Blocks 整合環境。執行 **File / New / Project**，在 **New from template** 對話方塊點選 **Console application**，按 **Go** 鈕。

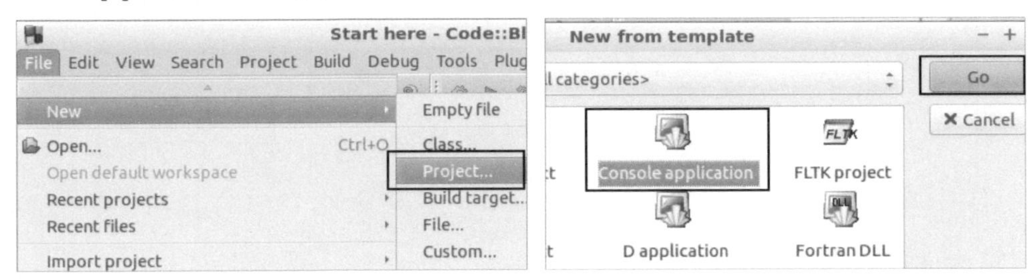

若核選 **Skip this page next time** 則以後不會再顯示此訊息，按 **Next** 鈕。接著點選 **C++**，按 **Next** 鈕。

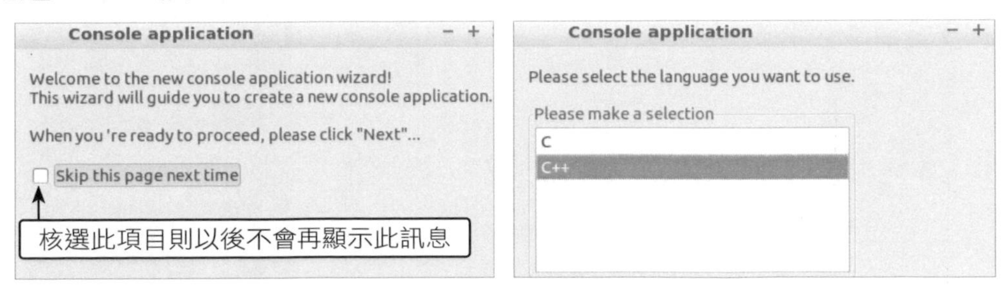

於 **Project title** 欄輸入專案名稱，此處輸入「hello」；**Folder to create project in** 欄位為專案儲存路徑，按右方 ... 鈕選擇路徑。接著於左方點選 **Documents** 做為儲存資料夾，按 **Open** 鈕完成設定。

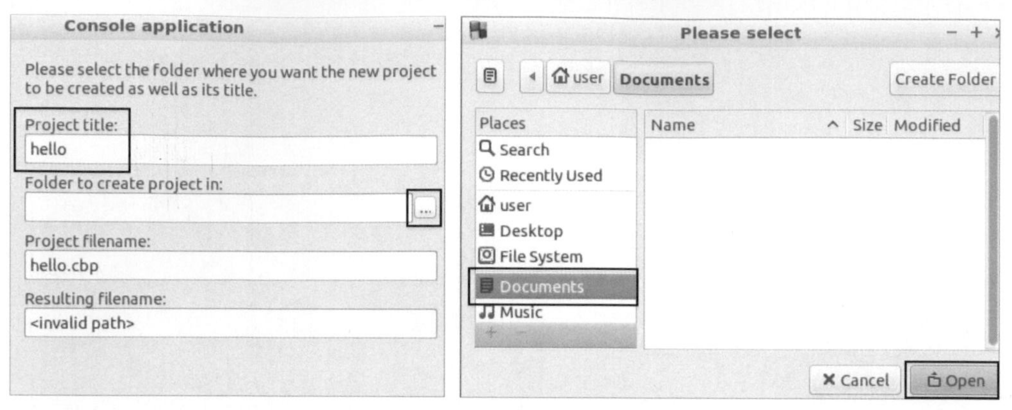

回到 **Console application** 頁面，注意 **Project filename** 欄位是專案檔名，以後要開啟本專案就使用此名稱。按 **Next** 鈕，最後按 **Finish** 鈕完成建立專案。

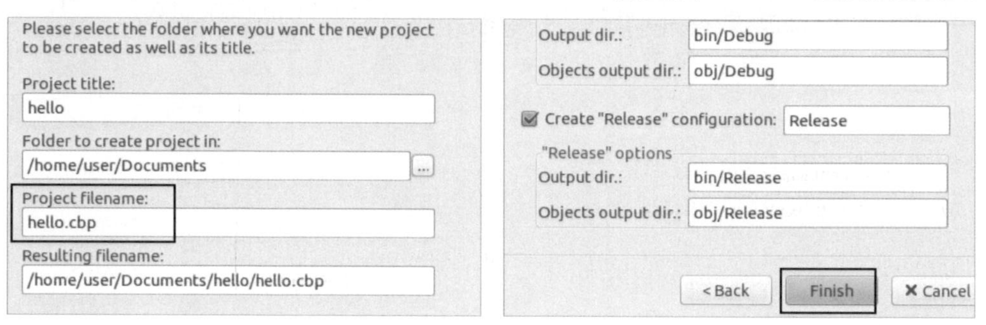

Code Blocks 左方可見到剛建立的 hello 專案，在 main.cpp 按滑鼠左鍵兩下可開啟檔案，其中已有系統自動產生的程式碼，按工具列 執行程式。

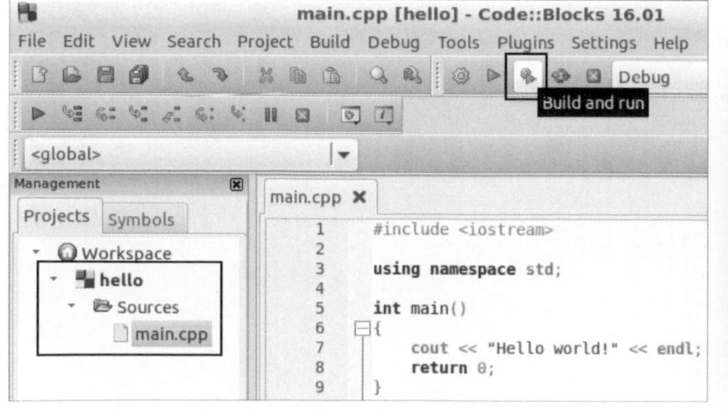

1.2.4 建立 Code Blocks 單一程式檔案

建立 backup 資料夾

如果是較單純的程式設計，Code Blocks 也允許僅建立單一程式檔案，APCS 檢測即是採用此種模式。檢測時要求將檔案儲存於桌面的 backup 資料夾，為與檢測環境一致，我們先建立 backup 資料夾。

點選虛擬機器下方檔案總管 鈕。

於左方點選 **Desktop**（桌面），在右方空白處按滑鼠右鍵，然後在快顯功能表點選 **Create New / Folder**。

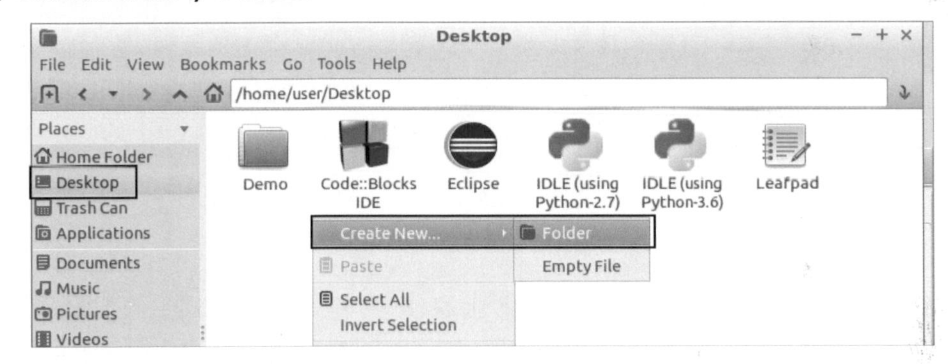

Enter a name for the newly created folder 欄位輸入資料夾名稱「backup」，按 **OK** 鈕，即可在檔案總管中見到新增的 backup 資料夾。按檔案總管右上方的 × 鈕關閉檔案總管。

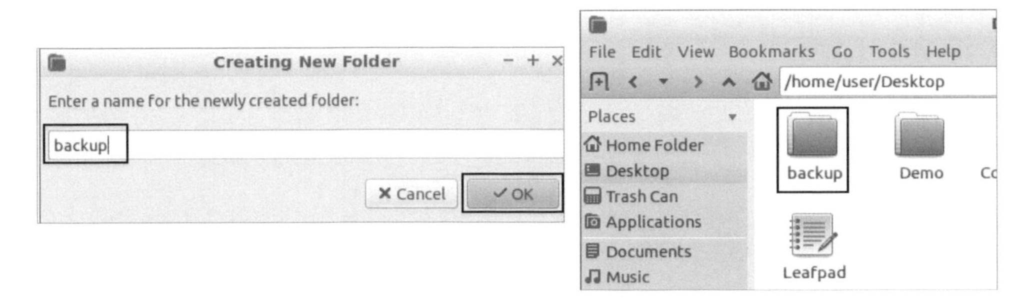

建立程式檔案

執行 **File / New / File**，在 **New from template** 對話方塊點選 **C/C++ source**，按 **Go** 鈕。

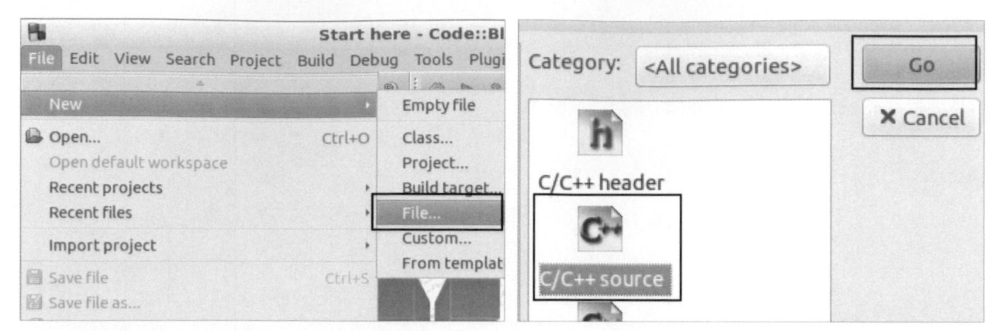

若核選 **Skip this page next time** 則以後不會再顯示此訊息，按 **Next** 鈕。接著點選 **C++**，按 **Next** 鈕。

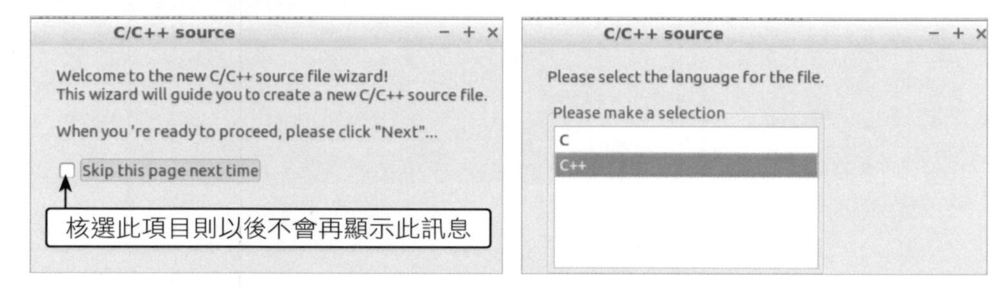

Filename with full path 欄位為檔案儲存完整路徑，按右方 ... 鈕選擇路徑。接著於左方點選 **Desktop**，在右方以滑鼠左鍵點選 **backup** 兩下，表示以 **Desktop /backup** 做為儲存資料夾。

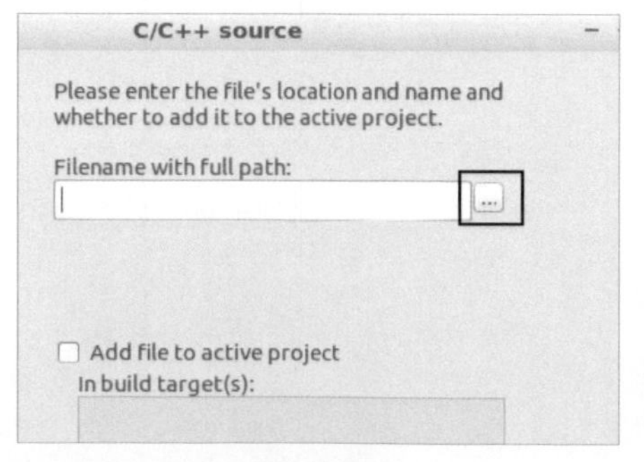

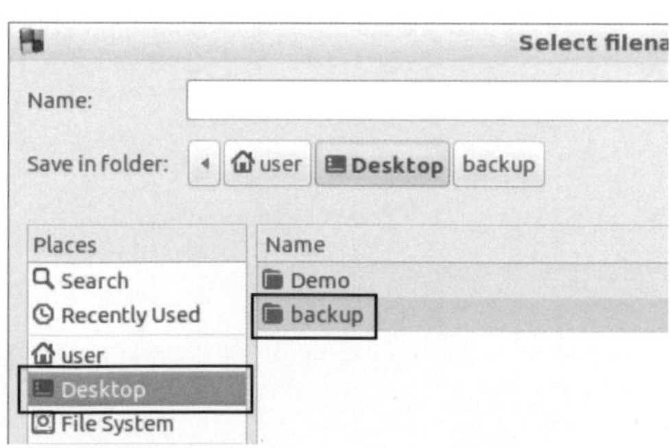

Name 欄位輸入檔案名稱，此處輸入「single.cpp」，按 **Save** 鈕。回到 **C/C++ source** 頁面，**Filename with full path** 欄位會顯示完整路徑，按 **Finish** 鈕完成新增程式檔案。

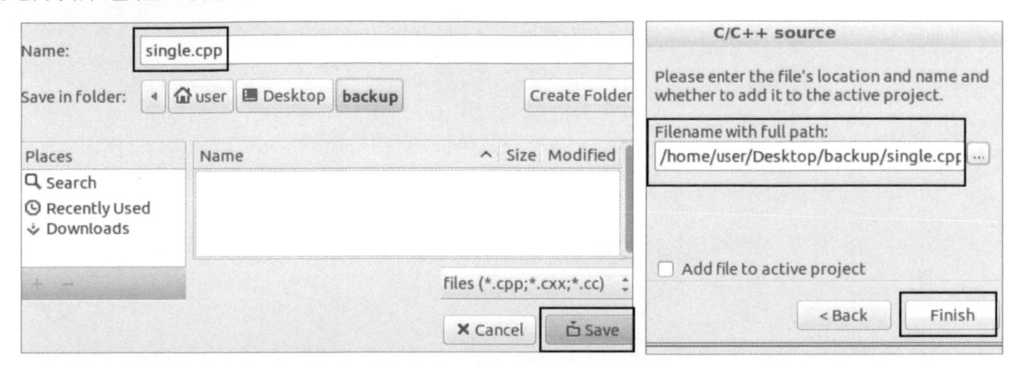

Code Blocks 的程式編輯區可見到新增的 single.cpp 檔案，其中沒有任何內容，使用者可在此撰寫程式碼。

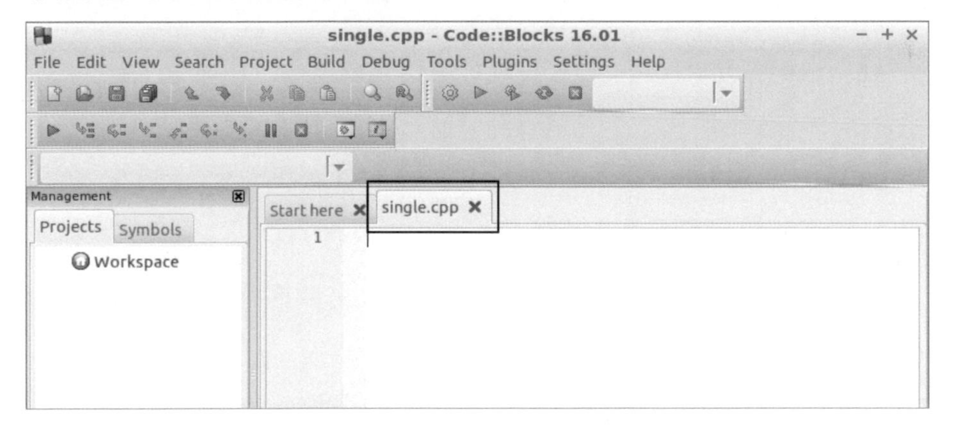

1.2.5 使用虛擬環境注意事項

關閉虛擬機器

按虛擬機器右上角 × 鈕即可關閉虛擬機器

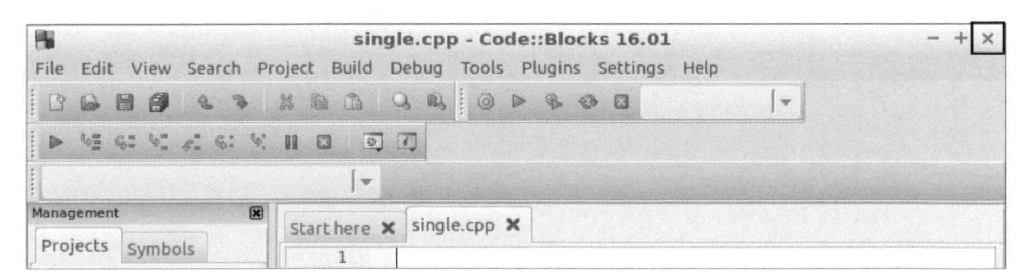

關閉的方式一定要核選 **儲存機器狀態** 後按 **確定** 鈕，系統會將目前狀態儲存起來，儲存需一段時間。下次啟動虛擬機器時，啟動後會恢復目前狀態。

務必記得不可核選 **機器關機** 項目，否則系統會清除虛擬機器所有內容回到初始狀態，不可不慎。

Console 無法顯示中文

Code Blocks 程式編輯時中文可以正常顯示。

但執行後在 Console 中卻無法顯示中文，因此要注意在程式中需顯示的部分需使用英文。

APCS 重要的解題觀念 - 遞迴

2.1 遞迴 (Recursive)

當函式本身又呼叫自已的函式稱為遞迴，撰寫遞迴函式必須注意函式中一定要有結束點，否則程式會形成無窮迴圈而造成錯誤。

這裡舉一個遞迴在使用上的經典範例，也就是計算自然數的階層，其公式為：

```
n!=1*2*3*4*5.....*n
// 例如，5! = 1*2*3*4*5 = 120。
// 其中特別規定 0! = 1
```

一般來說自然數為正整數，或非負整數 (包含 0)。在階層的計算上，0 的階層是特別定義為 1 的。

範例：n 階層的計算

自鍵盤輸入一個數字 n，利用遞迴來計算 n 階層 (n!)。

```
E:\APCSbook\附書光碟\ch02\Recursive.exe
請輸入數字 n:5
5!=120

--------------------------------
Process exited after 2.302 seconds with return value 0
請按任意鍵繼續 . . .
```

程式碼：ch02\Recursive.cpp

```
1   #include <iostream>
2   using namespace std;
3   int Factorial(int n){
4     if (n == 0) // 當 n=0，傳回 返回值 1，並結束遞迴呼叫
5       return 1;
6     else
7       return n * Factorial(n - 1); // 遞迴呼叫
8   }
9
10  int main(){
11    int n,Total;
12    printf(" 請輸入數字 n:");
13    scanf(" %d", &n);
14    Total = Factorial(n); // 求 n!
15    printf("n!= %d", Total);
16    return 0;
17  }
```

程式說明

- 3-8　遞迴函式。
- 4-5　當 n=0 時，傳回 1 並結束遞迴呼叫。
- 6-7　當 n>0 時，遞迴呼叫 n * Factorial(n-1)：若 n=5 即為 5* Factorial(4)；當 n=4 即為 4* Factorial(3)；依此類推，所以 5!=5*4*3*2*1。
- 13　輸入數字。
- 14　以 Factorial(n) 求 n!。
- 15　顯示結果。

為了詳細說明，我們以這個範例的實際值來進行模擬。剛開始 Factorial(5) 時其計算階層的程式為：5 * Factorial(4)。因為 Factorial(4) 的值未定，所以先計算階層值，其程式為：4 * Factorial(3)。使用相同的方式，一直到 1 * Factorial(0) 時，因為可以馬上取得 Factorial(0) = 1，即可知道 Factorial(1) = 1 * 1，再將值往上傳 Factorial(2) = 2 * 1、Factorial(3) = 3 * 2、Factorial(4) = 4 * 6、Factorial(5) = 5 * 24，最後回傳值則為 120。

整理上述執行過程如下表：

步驟	n 值	factorial(n) 值	傳回值
1	5	Factorial(5)，未定	5* Factorial(4)
2	4	Factorial(4)，未定	4* Factorial(3)
3	3	Factorial(3)，未定	3* Factorial(2)
4	2	Factorial(2)，未定	2* Factorial(1)
5	1	Factorial(1)，未定	1* Factorial(0)
6	0	Factorial(0)=1	1
7	1	Factorial(1)=1	1 (1* Factorial(0)=1*1=1)
8	2	Factorial(2)=2	2 (2* Factorial(1)=2*1=2)
9	3	Factorial(3)=6	6 (3* Factorial(2)=3*2=6)
10	4	Factorial(4)=24	24 (4* Factorial(3)=4*6=24)
11	5	Factorial(5)=120	120 (5* Factorial(4)=5*24=120)

繪製成流程圖更易理解：

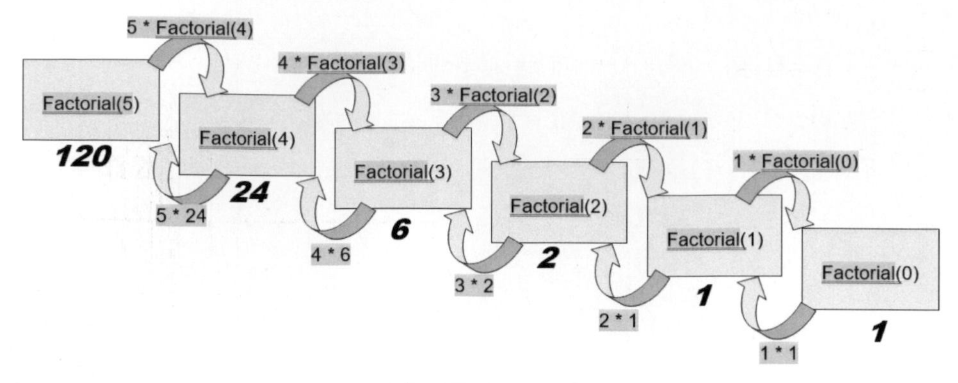

◆階層遞迴演算示意圖

在這樣的狀況下遞迴應用不僅縮短了程式碼，並且具有較好的邏輯性與彈性。

遞迴函式可被迴圈取代

遞迴函式可視為迴圈的一種類型，其程式碼遠比迴圈精簡，但不易了解其邏輯運作過程。初學者若對遞迴函式感到困難，可使用迴圈來取代遞迴函式。

例如本節中計算 n 階層的範例，遞迴函式可用迴圈改寫為：

```
int Factorial(int n){
    int  t=1;
    for (int i = 1; i <= n; i++)
        t = t * i;
    return t;
}
```

2.2 遞迴經典範例

APCS 測驗中不論是觀念題或實作題，屬於遞迴類型的題目比例非常重，讀者務必加強對遞迴的了解和熟練。

在遞迴範例中，最大公因數和費氏數列 (Fibonacci) 是比較經典的範例。我們就直接透過這兩個範例強化遞迴的理解和應用。

範例：求最大公因數

自鍵盤輸入兩個正整數 a、b，利用輾轉相除法計算最大公因數。

```
E:\APCSbook\附書光碟\ch02\GCD.exe
Input two numbers: 10 34
GCD result: 2

--------------------------------
Process exited after 2.72 seconds with return value 0
請按任意鍵繼續 . . .
```

程式碼：ch02\GCD.cpp

```
1   #include <iostream>
2   using namespace std;
3
4   int GCD(int a, int b){
5      if(a%b == 0){
6         return b;
7      }else{
8         return GCD(b, a%b);
9      }
10  }
11
12  int main(){
13     printf("Input two numbers: ");
14     int a, b;
15     scanf(" %d %d", &a, &b);
16
17     int result = GCD(a, b);
18     printf("GCD result: %d\n", result);
19     return 0;
20  }
```

程式說明

- 4-10　GCD 遞迴函式，第一個參數 a 為被除數，第二個參數 b 為除數。
- 5-6　當 a%b ==0 表示可整除時，除數 b 即為最大公因數，將 b 傳回並結束遞迴呼叫。
- 7-8　a%b ≠ 0 時，遞迴呼叫 GCD(b, a%b) 並將結果傳回，第一個參數為原來的除數 b，第二個參數為原來 a 除以 b 的餘數。

整理上述執行過程如下表 (以 a=34、b=10 為例)：

步驟	a 值	b 值	GCD(a,b) 值	a%b	傳回值
1	34	10	GCD(34,10)，未定	4	GCD(10,4)
2	10	4	GCD(10,4)，未定	2	GCD(4,2)
3	4	2	GCD(4,2)，未定	0	2

範例：Fibonacci 數列

一個有名的數列 Fibonacci 數列定義如下：

$F_0 = 0$，$F_1 = 1$

$F_n = F_{n-1} + F_{n-2}$，n>=2

這個數列在 13 世紀初由義大利比薩 (Pisa) 一位叫李奧納多 (Leonardo) 所提出：

Fibonacci 數的前幾項為：0, 1, 1, 2, 3, 5, 8, 13, 21, 34, 55, 89, 144, 233……

以下請自鍵盤輸入正數字 n，求 Fn。

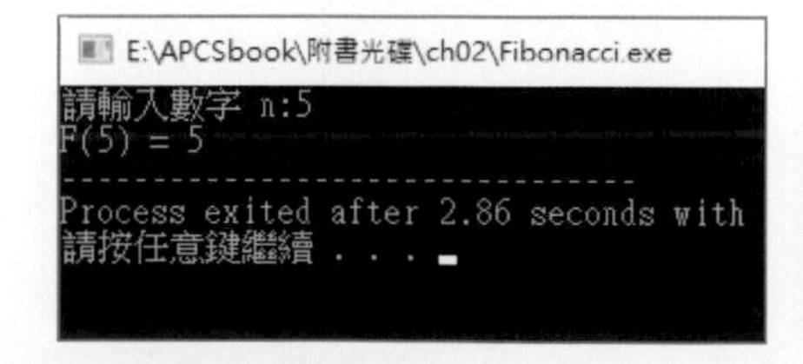

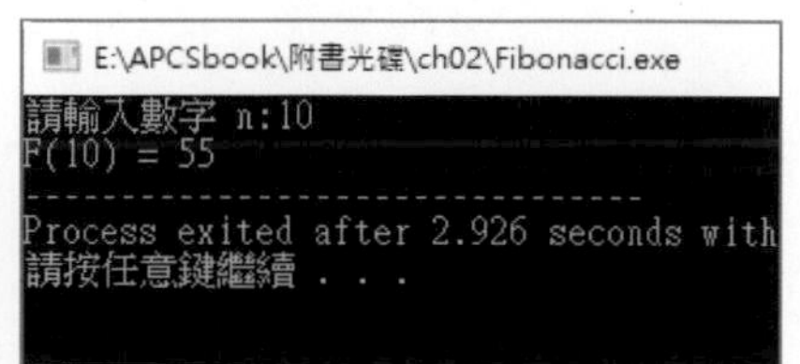

程式碼：ch02\Fibonacci.cpp

```
1    #include <iostream>
2    using namespace std;
3    int Fibonacci(int n){
4       if(n == 0){
```

```
5           return 0;
6       }else if(n == 1){
7           return 1;
8       }else{
9           return Fibonacci(n-1)+Fibonacci(n-2);
10      }
11  }
12
13  int main(){
14    int n,Total;
15    printf("請輸入數字 n:");
16    scanf(" %d", &n);
17    Total = Fibonacci(n); // 求 Fibonacci(n)
18    printf("F(%d) = %d", n,Total);
19    return 0;
20  }
```

程式說明

- 3-11　Fibonacci 遞迴函式，當 n=0 時傳回 0，當 n=1 時傳回 1。
- 8-9　當 n>=2 時傳回 Fibonacci(n-1)+Fibonacci(n-2)。

整理上述執行過程如下表（以 n=5 為例）：

步驟	n 值	Fibonacci(n) 值	傳回值
1	5	Fibonacci(5)，未定	Fibonacci(4) + Fibonacci(3)
2	4	Fibonacci(4)，未定	Fibonacci(3) + Fibonacci(2)
3	3	Fibonacci(3)，未定	Fibonacci(2) + Fibonacci(1)
4	2	Fibonacci(2)，未定	Fibonacci(1) + Fibonacci(0)
5	1	Fibonacci(1)	1
6	0	Fibonacci(0)	0
7	2	Fibonacci(2)	Fibonacci(1) + Fibonacci(0) = 1 + 0 = 1
8	3	Fibonacci(3)	Fibonacci(2) + Fibonacci(1) = 1 + 1 = 2
9	4	Fibonacci(4)	Fibonacci(3) + Fibonacci(2) = 2 + 1 = 3
10	5	Fibonacci(5)	Fibonacci(4) + Fibonacci(3) = 3 + 2 = 5

2.3 遞迴程式追蹤

遞迴程式雖然看起來精簡許多，但卻不容易理解，因為它有點類似無限迴圈的概念。有經驗的程式設計師通常會善用除錯的技巧或在程式執行過程中顯示一些訊息，了解目前的狀況。

APCS 實作的環境是在虛擬機器上安裝 Code Blocks，我們實測發現在 Code Blocks 中要設中斷點除錯，必須使用建立專案方式，且除錯功能不佳也不方便，因此本書省略中斷點的方式，而使用另一種顯示訊息的方式來追蹤執行的過程。

只要在程式中適當的顯示一些提示訊息，就可以協助了解執行的過程，以下以實例來說明。

範例：n 階層的計算程式追蹤

追蹤計算 n 階層的執行過程，每次顯示訊息後會暫停，按下任意鍵後才繼續顯示。

程式碼：ch02\RecursiveTrace.cpp

```
1    #include <iostream>
2    using namespace std;
3    #include <conio.h>
4
5    int Factorial(int n){
```

```
6      if (n == 0)// 當 n=0，傳回 返回值 1，並結束遞迴呼叫
7        return 1;
8      else{
9          //printf("F(%d)*F(%d)= %d * %d = %d",n,n-1,n,
         Factorial(n - 1),n * Factorial(n - 1));
10         printf("F(%d) = %d",n-1,Factorial(n - 1));
11         printf("\t 按任意鍵繼續…\n");
12         getch(); // 停下來 直到按下任意鍵之後繼續
13       return n * Factorial(n - 1); // 遞迴呼叫
14     }
15   }
16
17   int main(){
18     int n,Total;
19     //printf(" 請輸入數字 n:");
20     //scanf(" %d", &n);
21     n=5;
22     Total = Factorial(n); // 求 n!
23     printf("n!= %d", Total);
24     return 0;
25   }
```

程式說明

- 10　顯示訊息。
- 11-12　設定當按下任意鍵之後才繼續，方便停下來觀察，使用 getch() 必須含入 <conio.h> 檔。
- 19-21　直接設定數字為 5，避免每次輸入數字浪費時間，等最後完成之後再復原即可。

不只遞迴程式，其他較複雜的程式，也可以運用相同的概念，在程式中適當的顯示一些提示訊息，協助了解執行的過程，至於要怎麼寫，這就需要經驗的累積，我們再以 105 年 10 月的考題「定時 K 彈」來說明，增加更多的經驗。

範例：定時 K 彈程式追蹤

「定時 K 彈」是一個團康遊戲，N 個人圍成一個圈，由 1 號依序到 N 號，從 1 號開始依序傳遞一枚玩具炸彈，炸彈每次到第 M 個人就會爆炸，此人即淘汰，被淘汰的人要離開圓圈，然後炸彈再從該淘汰者的下一個開始傳遞。遊戲之所以稱 K 彈是因為這枚炸彈只會爆炸 K 次，在第 K 次爆炸後，遊戲即停止，而此時在第 K 個淘汰者的下一位遊戲者被稱為幸運者。例如 N=5，M=2，K=4，2 、4、1、5 會依序被淘汰，所以幸運者是 3 號。

給定 N、M 與 K，請寫程式計算出誰是幸運者。

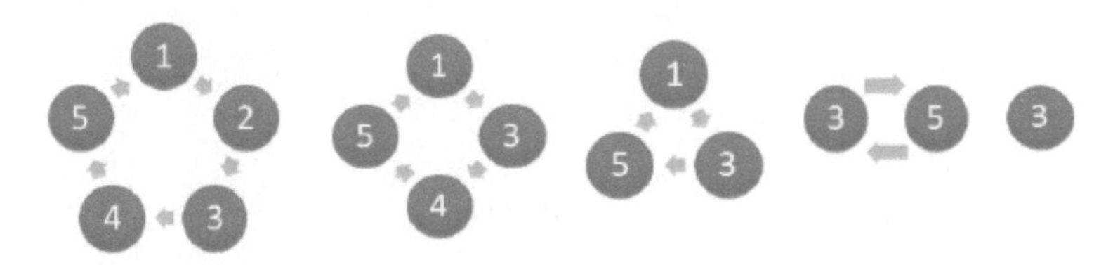

透過追蹤執行的過程，就可以很清楚了解整個遊戲流程。

```
E:\APCSbook\附書光碟\ch02\10510_3定時K彈_trace.exe
第 1 次： 1 2 3 4 5      淘汰 2 號      按任意鍵繼續…
第 2 次： 3 4 5 1        淘汰 4 號      按任意鍵繼續…
第 3 次： 5 1 3          淘汰 1 號      按任意鍵繼續…
第 4 次： 3 5    淘汰 5 號      按任意鍵繼續…
幸運者： 3 號

--------------------------------
Process exited after 3.445 seconds with return value 0
請按任意鍵繼續 . . .
```

程式碼：ch02\10510_3 定時 K 彈 _trace.cpp

```
1    #include <iostream>
2    using namespace std;
3    #include <vector>
4    #include <conio.h>
5
6    void show(int n,vector <int> person,int now){
       //顯示目前的遊戲者
7      printf(" 第 %d 次： ",n+1);
8      for(int i=now; i<now + person.size(); i++) {
9         int p=i % person.size();
10        printf("%d ",person[p]);
11     }
12   }
13
```

```
14  int main() {
15    int N, M, K;
16    //printf("Input N、M and K: ");
17    //scanf("%d %d %d", &N, &M, &K);
18    N=5,M=2,K=4;
19
20    vector <int> person;
21    for(int i=1; i<=N; i++)  person.push_back(i);
       //建立人員編號
22    int now = 0;  //目前輪到人員索引
23    for(int i=0; i<K; i++) {  //執行K次
24      show(i,person,now); //顯示目前的遊戲者
25      now = (now + M -1) % person.size();
         //now+M-1為下一次輪到人員索引(被炸人員)
26      printf("\t 淘汰 %d 號",person[now]);
27      person.erase(person.begin()+now);  //移除輪到人員索引
28       printf("\t按任意鍵繼續…\n");
29       getch(); //停下來 直到按下任意鍵之後繼續
30    }
31    int ans = 0;
32    if(person.size() == 1)  ans = person[0];
   //只剩一個人即為幸運者
33    else if(now == person.size()) ans = person[0];
   //刪除的是最後一人,幸運者為第一人
34    else  ans = person[now];
   //刪除person[now]後,目前person[now]即為下一人
35
36    printf("幸運者: %d 號\n", ans);
37
38    return 0;
39  }
```

程式說明

- 6-12　自訂程序顯示目前的遊戲者，參數 n 是第幾次執行，person 是遊戲者陣列，now 則是被炸人員。
- 24　顯示目前的遊戲者。
- 26　顯示淘汰者。

Memo

105 年 03 月 觀念題

觀念題 - 第 01 題

(　　) 以下程式正確的輸出應該如下：

```
    *
   ***
  *****
 *******
*********
```

在不修改程式之第 4 行及第 7 行程式碼的前提下，最少需修改幾行程式碼以得到正確輸出？

(A) 1
(B) 2
(C) 3
(D) 4

```
1 int k = 4;
2 int m = 1;
3 for (int i=1; i<=5; i=i+1) {
4   for (int j=1; j<=k; j=j+1) {
5     printf (" ");
6   }
7   for (int j=1; j<=m; j=j+1) {
8     printf ("*");
9   }
10  printf ("\n");
11  k = k - 1;
12  m = m + 1;
13}
```

解題說明

參考解答：A

第 3 行迴圈設定星號列數：i = 1~5 共 5 列 -> 與輸出相符。

第 4~6 及 11 行設定每列空白數：第 1 列 4 個空白，第 2 列 3 個空白，……，第 5 列 0 個空白（沒有空白）-> 與輸出相符。

第 7~9 及 12 行設定每列星號數：第 1 列 1 個星號，第 2 列 2 個星號，……，第 5 列 5 個星號 -> 與輸出不相符（輸出為第 1 列 1 個星號，第 2 列 3 個星號，……，第 5 列 9 個星號）

正確程式：第 12 行應改為「m = m + 2;」，如此就會每列增加 2 個星號。

觀念題 - 第 02 題

(　　)給定一陣列 a[10] = {1, 3, 9, 2, 5, 8, 4, 9, 6, 7}，i.e. ，a[0]=1,a[1]=3,…,a[8]=6, a[9]=7。以 f(a, 10) 呼叫執行以下函式後，回傳值為何？

(A) 1
(B) 2
(C) 7
(D) 9

```
int f (int a[], int n) {
  int index = 0;
  for (int i=1; i<=n-1; i=i+1) {
    if (a[i] >= a[index]) {
      index = i;
    }
  }
  return index;
}
```

解題說明

參考解答：C

程式功能為找出陣列最大元素的索引值。

第 1 次迴圈：i = 1，「a[1] > a[0]」，故 index = 1。

第 2 次迴圈：i = 2，「a[2] > a[1]」，故 index = 2。

第 3、4、5、6 次迴圈：i = 3、4、5、6，「a[i] < a[2]」，故 index 不變 (index = 2)。

第 7 次迴圈：i = 7，「a[7] = a[2]」，故 index = 7。

第 8、9 次迴圈：i = 8、9，「a[i] < a[7]」，故 index 不變 (index = 7)。

所以答案為 7，即 a[7] 為最大數。

觀念題 - 第 03 題

(　　) 給定一整數陣列 a[0]、a[1]、⋯、a[99] 且 a[k]=3k+1，以 value = 100 呼叫以下兩函式，假設函式 f1 及 f2 之 while 迴圈主體分別執行 n1 與 n2 次 (i.e, 計算 if 敘述執行次數，不包含 else if 敘述)，請問 n1 與 n2 之值為何？註：(low + high)/2 只取整數部分。

```
int f1(int a[], int value) {
  int r_value = -1;
  int i = 0;
  while (i < 100) {
    if (a[i] == value) {
      r_value = i; break;
    }
    i = i + 1;
  }
  return r_value;
}
```

```
int f2(int a[], int value) {
  int r_value = -1;
  int low = 0, high = 99;
  int mid;
  while (low <= high) {
    mid = (low + high)/2;
    if (a[mid] == value) {
      r_value = mid;
      break;
    }
    else if (a[mid] < value) {
      low = mid + 1;
    }
    else {
      high = mid - 1;
    }
  }
  return r_value;
}
```

(A) n1=33, n2=4
(B) n1=33, n2=5
(C) n1=34, n2=4
(D) n1=34, n2=5

解題說明

參考解答：D

本題是循序搜尋 (f1) 與二分搜尋 (f2) 的搜尋次數比較。

答案 100 = 3 * 33 + 1，即 k = 33，所以 100 = a[33]。

f1 循序由 0 到 33 共執行 34 次 (n1=34)。

f2 各項變數的值，第 5 次找到，n2=5。

	low	high	mid
執行第一次：	0	99	49
執行第二次：	0	48	24
執行第三次：	25	48	36
執行第四次：	25	35	30
執行第五次：	31	35	33

觀念題 - 第 04 題

(　　)經過運算後，右側程式的輸出為何？

(A) 1275
(B) 20
(C) 1000
(D) 810

```
for (i=1; i<=100; i=i+1) {
  b[i] = i;
}
a[0] = 0;
for (i=1; i<=100; i=i+1) {
  a[i] = b[i] + a[i-1];
}
printf ("%d\n", a[50]-a[30]);
```

解題說明

參考解答：D

a[1] = b[1] + a[0] = 1 + 0 = 1，
a[2] = b[2] + a[1] = 2 + 1 = 3，
a[3] = b[3] + a[2] = 3 + 3 = 6，
a[4] = b[4] + a[4] = 4 + 6 = 10，
……
推論：a[n] = 1 + 2 + 3 +…… + n。

a[50] - a[30] = (1 + 2 + 3 +…… + 50) - (1 + 2 + 3 +…… + 30)
= 31 + 32 + 33 + …… + 50
= (31 + 50) * 20 / 2
= 810

觀念題 - 第 05 題

(　　)函數 f 定義如下，如果呼叫 f(1000)，指令 sum=sum+i 被執行的次數最接近下列何者？

(A) 1000
(B) 3000
(C) 5000
(D) 10000

```
int f (int n) {
  int sum=0;
  if (n<2) {
    return 0;
  }
  for (int i=1; i<=n; i=i+1) {
    sum = sum + i;
  }
  sum = sum + f(2*n/3);
  return sum;
}
```

解題說明

參考解答：B

當參數 n 小於 2 時結束遞迴。

本題為等比級數遞迴題目，「sum = sum + f(2*n/3);」遞迴結果：

f(1000) = 1000 + 1000*(2/3) + 000*(2/3)2 + 1000*(2/3)3 + ……

等比級數公式：

a * (1-rn) / (1-r)。此處 a=1000、r=2/3、n 很大。
rn 接近 0：答案 = 1000 * 1 / (1-2/3) = 1000 / (1/3) = 3000。
(此程式跑的答案為 2980)

觀念題 - 第 06 題

(　　) List 是一個陣列，裡面的元素是 element，它的定義如右。List 中的每一個 element 利用 next 這個整數變數來記錄下一個 element 在陣列中的位置，如果沒有下一個 element，next 就會記錄 -1。所有的 element 串成了一個串列 (linked list)。例如在 list 中有三筆資料：

1	2	3
data='a' next='2'	data='b' next='-1'	data='c' next='1'

它所代表的串列如下圖：

c → a → b →•

```
struct element {
  char data;
  int next;
}

void RemoveNextElement (element
list[], int current) {
  if (list[current].next != -1) {
    /* 移除 current 的
      下一個 element*/
     ____________________
  }
}
```

RemoveNextElement 是一個程序，用來移除串列中 current 所指向的下一個元素，但是必須保持原始串列的順序。例如，若 current 為 3 (對應到 list[3])，呼叫完 RemoveNextElement 後，串列應為

c → b →•

請問在空格中應該填入的程式碼為何？

(A) list[current].next = current ;
(B) list[current].next = list[list[current].next].next ;
(C) current = list[list[current].next].next ;
(D) list[list[current].next].next = list[current].next ;

解題說明

參考解答：B

將 current 的下一個元素 (list[current].next) 設為「下一個元素 (list[current].next) 的下一個元素」：list[list[current].next].next 即可。

以題目中的例子說明：current 為 3 (list[3])，list[3].next 為 1，則：

list[list[3].next].next = list[1].next = 2

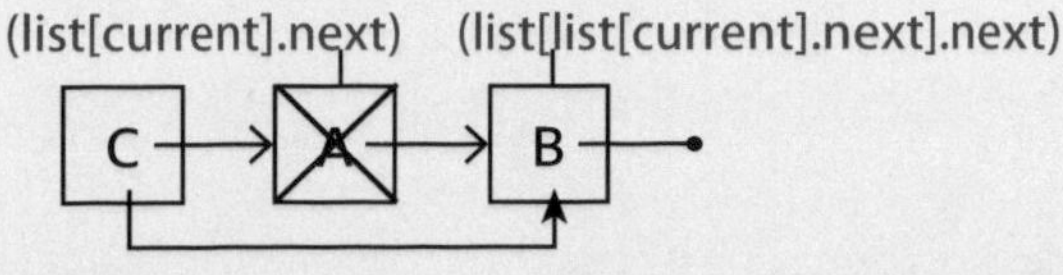

(這只是移動串列的指標跳過 list[1]，實際上資料並未移除。)

觀念題 - 第 07 題

(　　)請問以 a(13,15) 呼叫右側 a() 函式，函式執行完後其回傳值為何？

(A) 90
(B) 103
(C) 93
(D) 60

```
int a(int n, int m) {
  if (n < 10) {
    if (m < 10) {
      return n + m ;
    }
    else {
      return a(n, m-2) + m ;
    }
  }
  else {
    return a(n-1, m) + n ;
  }
}
```

解題說明

參考解答：B

當兩個參數皆小於 10 (n < 10 且 m < 10) 時結束遞迴，同時傳回「n + m」。

a(13,15) = a(12, 15) + 13 (因 n >= 10，執行 a(n-1, m) + n)
= a(11, 15) + 12 + 13 (因 n >= 10，執行 a(n-1, m) + n)
= a(10, 15) + 11 + 25 (因 n >= 10，執行 a(n-1, m) + n)
= a(9, 15) + 10 + 36 (因 n >= 10，執行 a(n-1, m) + n)
= a(9, 13) + 15 + 46 (因 n < 10 且 m >= 10，執行 a(n, m-2)+ m)
= a(9, 11) + 13 + 61 (因 n < 10 且 m >= 10，執行 a(n, m-2) + m)
= a(9, 9) + 11 + 74 (因 n < 10 且 m >= 10，執行 a(n, m-2) + m)
= 9 + 9 + 85 (因 n < 10 且 m < 10，執行 n+m 且結束遞迴)
= 103

觀念題 - 第 08 題

(　　) 一個費式數列定義第一個數為 0 第二個數為 1 之後的每個數都等於前兩個數相加，如下所示：

0、1、1、2、3、5、8、13、21、34、55、89…。

下列的程式用以計算第 N 個 (N ≥ 2) 費式數列的數值，請問 (a) 與 (b) 兩個空格的敘述 (statement) 應該為何？

(A) (a) f[i]=f[i-1]+f[i-2]　　(b) f[N]
(B) (a) a = a + b　　(b) a
(C) (a) b = a + b　　(b) b
(D) (a) f[i]=f[i-1]+f[i-2]　　(b) f[i]

```
int a=0; int b=1;
int i, temp, N;
…
for (i=2; i<=N; i=i+1) {
  temp = b;
    (a)  ;
  a = temp;
  printf ("%d\n",   (b)  );
}
```

解題說明

參考解答：C

(A) 及 (D) 的 f 陣列題目根本未提及，不予考慮。

迴圈第一次，計算第 3 個數：

a 為第 1 個數，「temp = b;」是設定 temp 為目前第 2 個數，「a = temp;」設定 a 為目前第 2 個數，所以空格 (a) 應為「b = a + b;」設定 b 為第 3 個數（第 1 個數加第 2 個數）。

空格 (b) 列印第 3 個數，因此為「b」。

觀念題 - 第 09 題

(　　)請問右側程式輸出為何？

(A) 1
(B) 4
(C) 3
(D) 33

```
int A[5], B[5], i, c;
…
for (i=1; i<=4; i=i+1) {
  A[i] = 2 + i*4;
  B[i] = i*5;
}
c = 0;
for (i=1; i<=4; i=i+1) {
  if (B[i] > A[i]) {
    c = c + (B[i] % A[i]);
  }
  else {
    c = 1;
  }
}
printf ("%d\n", c);
```

解題說明

參考解答：B

第一個迴圈：A = {0, 6, 10, 14, 18}
B = {0, 5, 10, 15, 20}

第二個迴圈：i = 1、2 時，「B[i] <= A[i]」，c=1。
i = 3 時，「B[i] > A[i]」，故 c=1 + (15 % 14) = 1 + 1 = 2。
i = 4 時，「B[i] > A[i]」，故 c=2 + (20 % 18) = 2 + 2 = 4。

觀念題 - 第 10 題

(　　) 給定右側 g() 函式，g(13) 回傳值為何？

(A) 16
(B) 18
(C) 19
(D) 22

```
int g(int a) {
  if (a > 1) {
    return g(a - 2) + 3;
  }
  return a;
}
```

解題說明

參考解答：C

當參數 a 小於等於 1 時結束遞迴，同時傳回 a 的值。

g(13) = g(11) + 3
　　= g(9) + 3 + 3
　　= g(7) + 3 + 6
　　= g(5) + 3 + 9
　　= g(3) + 3 + 12
　　= g(1) + 3 + 15 > (a =1 結束遞迴)
　　= 1 + 18
　　= 19

觀念題 - 第 11 題

(　　) 定義 a[n] 為一陣列 (array)，陣列元素的指標為 0 至 n-1。若要將陣列中 a[0] 的元素移到 a[n-1]，右側程式片段空白處該填入何運算式？

(A) n+1
(B) n
(C) n-1
(D) n-2

```
int i, hold, n;
…
for (i=0; i<=_____; i=i+1) {
  hold = a[i];
  a[i] = a[i+1];
  a[i+1] = hold;
}
```

解題說明

參考解答：D

for 迴圈程式為兩元素 a[i] 與 a[i+1] 交換。

要將 a[0] 移到最後一個元素 (a[n-1])，要讓 a[0] 交換到 a[i] 為倒數第二個元素（與最後一個元素交換），所以 i = n-2（倒數第二個元素，最後一個元素是 n-1)。

觀念題 - 第 12 題

(　　)給定右側函式 f1() 及 f2()。f1(1) 運算過程中，以下敘述何者為錯？

(A) 印出的數字最大的是 4
(B) f1 一共被呼叫二次
(C) f2 一共被呼叫三次
(D) 數字 2 被印出兩次

```
void f1 (int m) {
  if (m > 3) {
    printf ("%d\n", m);
    return;
  }
  else {
    printf ("%d\n", m);
    f2(m+2);
    printf ("%d\n", m);
  }
}

void f2 (int n) {
  if (n > 3) {
    printf ("%d\n", n);
    return;
  }
  else {
    printf ("%d\n", n);
    f1(n-1);
    printf ("%d\n", n);
  }
}
```

解題說明

參考解答：C

f1(1) 印出 1，進入 f2(3)，將「printf ("%d\n", m)」放入第 1 個堆疊 ->

f2(3) 印出 3，進入 f1(2)，將「printf ("%d\n", n)」放入第 2 個堆疊 ->

f1(2) 印出 2，進入 f2(4)，將「printf ("%d\n", m)」放入第 3 個堆疊 ->

f2(4) 印出 4，return ->

取出第 3 個堆疊：印出 f1(2) 中的 2 ->

取出第 2 個堆疊：印出 f2(3) 中的 3 ->

取出第 1 個堆疊：印出 f1(1) 中的 1，結束。

答案：(C)，f2 一共被呼叫三次。

觀念題 - 第 13 題

(　　)右側程式片段擬以輾轉除法求 i 與 j 的最大公因數。請問 while 迴圈內容何者正確？

```
i = 76;
j = 48;
while ((i % j) != 0) {
  ____________
  ____________
  ____________
}
printf ("%d\n", j);
```

```
(A) k = i % j;
    i = j;
    j = k;
(B) i = j;
    j = k;
    k = i % j;
(C) i = j;
    j = i % k;
    k = i;
(D) k = i;
    i = j;
    j = i % k;
```

解題說明

參考解答：A

輾轉除法：以大數做為除數，小數做為被除數，若整除則小數就是最大公因數；若未整除就以原來的被除數（小數）做為除數，相除的餘數做為被除數，繼續做除法運算，直到整除為止。

以題目中的數值為例：第一次除法「76 / 48」未整除 餘數為 28；第二次除法，「48 / 28」未整除，餘數為 20；……；第五次除法，「8 / 4」整除，最大公因數為 4。

程式碼中「while ((i % j) != 0)」表示 i 為除數，j 為被除數，迴圈中為未整除時的處理程式碼，故其程序應為：

(1) 求餘數 -> k = i % j;（第一個空格）
(2) 以原來的被除數（小數）做為除數 -> i = j;（第二個空格）
(3) 以相除的餘數做為被除數 -> j = k;（第三個空格）

觀念題 - 第 14 題

(　　) 右側程式輸出為何？

(A) bar: 6
　　bar: 1
　　bar: 8

(B) bar: 6
　　foo: 1
　　bar: 3

(C) bar: 1
　　foo: 1
　　bar: 8

(D) bar: 6
　　foo: 1
　　foo: 3

```
void foo (int i) {
  if (i <= 5) {
    printf ("foo: %d\n", i);
  }
  else {
    bar(i - 10);
  }
}

void bar (int i) {
  if (i <= 10) {
    printf ("bar: %d\n", i);
  }
  else {
    foo(i - 5);
  }
}

void main() {
  foo(15106);
  bar(3091);
  foo(6693);
}
```

解題說明

參考解答：A

這是兩個遞迴函式彼此呼叫的問題：foo 函式在參數 i 小於等於 5 時結束遞迴，同時呼叫 bar 函式時 i 值會減少 10；bar 函式在參數 i 小於等於 10 時結束遞迴，同時呼叫 foo 函式時 i 值會減少 5。兩者彼此呼叫一次時 i 值會減少 5 + 10 =15。

foo(15106) = foo(15*1006+16) -> 呼叫 foo(16) -> 呼叫 bar(6)，i <= 10 結束遞迴，印出「bar: 6」。

bar(3091) = bar(15*205+16) -> 呼叫 bar(16) -> 呼叫 foo(11) -> 呼叫 bar(1)，i <= 10 結束遞迴，印出「bar: 1」。

foo(6693) = foo(15*445+18) -> 呼叫 foo(18) -> 呼叫 bar(8)，i <= 10 結束遞迴，印出「bar: 8」。

觀念題 - 第 15 題

(　　)若以 f(22) 呼叫右側 f() 函式，總共會印出多少數字？

(A) 16
(B) 22
(C) 11
(D) 15

```
void f(int n) {
  printf ("%d\n", n);
  while (n != 1) {
    if ((n%2)==1) {
      n = 3*n + 1;
    }
    else {
      n = n / 2;
    }
    printf ("%d\n", n);
  }
}
```

解題說明

參考解答：A

第 1 列程式：印「22」。

while 迴圈：第 1 次迴圈，偶數 -> n = n / 2，印「11」。
第 2 次迴圈，奇數 -> n = 3*n + 1，印「34」。
第 3 次迴圈，偶數 -> n = n / 2，印「17」。
第 4 次迴圈，奇數 -> n = 3*n + 1，印「52」。
第 5、6 次迴圈，偶數 -> n = n / 2，印「26 13」。
第 7 次迴圈，奇數 -> n = 3*n + 1，印「40」。
第 8~10 次迴圈，偶數 -> n = n / 2，印「20 10 5」。
第 11 次迴圈，奇數 -> n = 3*n + 1，印「16」。
第 12~15 次迴圈，偶數 -> n = n / 2，印「8 4 2 1」。
「n = 1」時 while 迴圈結束，共計印 16 個數字。

觀念題 - 第 16 題

(　　) 右側程式執行過後所輸出數值為何？

(A) 11
(B) 13
(C) 15
(D) 16

```
void main () {
  int count = 10;
  if (count > 0) {
    count = 11;
  }
  if (count > 10) {
    count = 12;
    if (count % 3 == 4) {
      count = 1;
    }
    else {
      count = 0;
    }
  }
  else if (count > 11) {
    count = 13;
  }
  else {
    count = 14;
  }
  if (count) {
    count = 15;
  }
  else {
    count = 16;
  }

  printf ("%d\n", count);
}
```

解題說明

參考解答：D

執行第 1 個 if [if (count > 0)]：count = 11。

執行第 2 個 if [if (count > 10)]：count = 12。

執行第 3 個 if [if (count % 3 == 4)]：count = 0。

執行第 4 個 if [if (count)]：count = 16。

觀念題 - 第 17 題

(　　) 右側程式片段主要功能為：輸入六個整數，檢測並印出最後一個數字是否為六個數字中最小的值。然而，這個程式是錯誤的。請問以下哪一組測試資料可以測試出程式有誤？

(A) 11 12 13 14 15 3
(B) 11 12 13 14 25 20
(C) 23 15 18 20 11 12
(D) 18 17 19 24 15 16

```
#define TRUE 1
#define FALSE 0
int d[6], val, allBig;
…
for (int i=1; i<=5; i=i+1) {
  scanf ("%d", &d[i]);
}
scanf ("%d", &val);
allBig = TRUE;
for (int i=1; i<=5; i=i+1) {
    if (d[i] > val) {
      allBig = TRUE;
    }
    else {
      allBig = FALSE;
    }
  }
  if (allBig == TRUE) {
    printf ("%d is the
     smallest.\n", val);
  }
  else {
    printf ("%d is not the
      smallest.\n", val);
  }
}
```

解題說明

解題說明 :B

前 5 個輸入數值為 d[1]~d[5]，第 6 個輸入數值為 val 變數值。

第二個 for 迴圈程式錯誤。i=1 到 i=4 的結果會被 i=5 覆蓋，也就是 allBig 變數值由 i=5 決定：

(A)「15 > 3」，allBig = TRUE，所以將 3 視為最小數，正確。
(B)「25 > 20」，allBig = TRUE，所以將 20 視為最小數，錯誤。
(C)「11 < 12」，allBig = FALSE，所以 12 不是最小數，正確。
(D)「15 < 16」，allBig = FALSE，所以 16 不是最小數，正確。

程式修正：第二個 for 迴圈的 else 敘述，在 allBig = FALSE; 後面加上「break;」。

```
for (int i=1; i<=5; i=i+1) {
……
  else {
    allBig = FALSE;
    break;
  }
}
```

觀念題 - 第 18 題

(　　) 程式編譯器可以發現下列哪種錯誤？

(A) 語法錯誤
(B) 語意錯誤
(C) 邏輯錯誤
(D) 以上皆是

解題說明

參考解答：A

觀念題 - 第 19 題

(　　) 大部分程式語言都是以列為主的方式儲存陣列。 在一個 8x4 的陣列 (array)A 裡， 若每個元素需要兩單位的記憶體大小，且若 A[0][0] 的記憶體位址為 108(十進制表示)，則 A[1][2] 的記憶體位址為何？

(A) 120
(B) 124
(C) 128
(D) 以上皆非

解題說明

參考解答：A

8x4 的陣列為 8 列 4 行，記憶體排序為：

A[0,0] A[0,1] A[0,2] A[0,3]
A[1,0] A[1,1] A[1,2] A[1,3]
……

A[1,2] 為第 7 個元素，前面有 6 個元素，記憶體：108 + 2 * 6 = 120。

觀念題 - 第 20 題

(　　) 右側為一個計算 n 階層的函式，請問該如何修改才會得到正確的結果？

(A) 第2行，改為 int fac = n;
(B) 第3行，改為 if(n > 0){
(C) 第4行，改為 fac = n * fun(n+1);
(D) 第4行，改為 fac = fac * fun(n-1);

```
1.   int fun (int n) {
2.    int fac = 1;
3.    if (n >= 0) {
4.      fac = n * fun(n - 1);
5.    }
6.    return fac;
7.   }
```

解題說明

參考解答：B

原始程式第 3 行「if (n >= 0)」，當參數 n 為 0 時才結束遞迴，最後結果必然為 0：

fun(n) = n * fun(n-1)
　　= n * (n-1) * fun(n-2)
　　= ……
　　= n * (n-1) * (n-2) * …… * 2 * fun(1)
　　= n * (n-1) * (n-2) * …… * 2 * 1 * fun(0)
　　= n * (n-1) * (n-2) * …… * 2 * 1 * 0
　　= 0

需將第 3 行修改為「if (n > 0)」，當參數 n 為 1 時就結束遞迴，即可得到正確結果：fun(n) = n * (n-1) * (n-2) * …… * 2 * 1

觀念題 - 第 21 題

(　　) 右側程式碼，執行時的輸出為何？

(A)0 2 4 6 8 10
(B)0 1 2 3 4 5 6 7 8 9 10
(C)0 1 3 5 7 9
(D)0 1 3 5 7 9 11

```
void main() {
  for (int i=0; i<=10; i=i+1) {
    printf ("%d ",i);
    i = i + 1;
  }
  printf ("\n");
}
```

解題說明

參考解答：A

迴圈每執行一次，變數 i 的值會增加 2：for 中的「i=i+1」及 for 迴圈的第 3 個參數「i=i+1」，所以印出「0 2 4 6 8 10」。

觀念題 - 第 22 題

(　　) 右側 f() 函式執行後所回傳的值為何？

(A) 1023
(B) 1024
(C) 2047
(D) 2048

```
int f() {
  int p = 2;
  while (p < 2000) {
    p = 2 * p;
  }
  return p;
}
```

解題說明

參考解答：D

第 1 次迴圈：p = 2 * 2 = 2^2 = 4
第 2 次迴圈：p = 2 * 2^2 = 2^3 = 8
……
直到 2n 大於等於 2000 時就結束迴圈：所以答案為 210 = 2048。

觀念題 - 第 23 題

(　　) 右側 f() 函式 (a), (b), (c) 處需分別填入哪些數字，方能使得 f(4) 輸出 2468 的結果？

(A) 1, 2, 1
(B) 0, 1, 2
(C) 0, 2, 1
(D) 1, 1, 1

```
int f(int n) {
  int p = 0;
  int i = n;
  while (i >=___(a)___) {
    p = 10 - ___(b)___ * i;
    printf ("%d", p);
    i = i - ___(c)___;
  }
}
```

解題說明

參考解答：A

第 1 次 while 迴圈要印出「2」(第一個數)：即「p = 10 - (b) * i;」的 p = 2，i = 4，因此 (b) = 2：答案為 (A) 或 (C)。

執行結果為「2468」，表示迴圈執行 4 次：因為 i=4，「while (i >= 1)」會執行 4 次迴圈，「while (i >= 0)」則會執行 5 次迴圈，故答案為 (A)。

觀念題 - 第 24 題

(　　) 右側 g(4) 函式呼叫執行後，回傳值為何？

(A) 6
(B) 11
(C) 13
(D) 14

```
int f (int n) {
  if (n > 3) {
    return 1;
  }
  else if (n == 2) {
    return (3 + f(n+1));
  }
  else {
    return (1 + f(n+1));
  }
}
int g(int n) {
  int j = 0;
  for (int i=1; i<=n-1; i=i+1) {
    j = j + f(i);
  }
  return j;
}
```

參考解答：C

解題說明

g(4) = f(1) + f(2) + f(3)
f(3) = 1 + f(4) = 1 + 1 = 2
f(2) = 3 + f(3) = 3 + 2 = 5
f(1) = 1 + f(2) = 1 + 5 = 6
g(4) = 6+ 5 + 2 = 13

觀念題 - 第 25 題

(　　) 下側 Mystery() 函式 else 部分運算式應為何，才能使得 Mystery(9) 的回傳值為 34。

(A) x + Mystery(x-1)
(B) x * Mystery(x-1)
(C) Mystery(x-2) + Mystery(x+2)
(D) Mystery(x-2) + Mystery(x-1)

```
int Mystery (int x) {
  if (x <= 1) {
    return x;
  }
  else {
    return ______________;
  }
}
```

解題說明

參考解答：D

(A) 9+8+7+……+1 = (1+9)*9 = 45。

(B) 9*8*7*……*1 > 34（不必計算其值）。

(C) Mystery(x+2) 是無法結束的遞迴。

(D) Mystery(1) = 1
Mystery(2) = Mystery(0) + Mystery(1) = 0 + 1 = 1
Mystery(3) = Mystery(1) + Mystery(2) = 1 + 1 = 2
Mystery(4) = Mystery(2) + Mystery(3) = 1 + 2 = 3
Mystery(5) = Mystery(3) + Mystery(4) = 2 + 3 = 5
Mystery(6) = Mystery(4) + Mystery(5) = 3 + 5 = 8
Mystery(7) = Mystery(5) + Mystery(6) = 5 + 8 = 13
Mystery(8) = Mystery(6) + Mystery(6) = 8 + 13 = 21
Mystery(9) = Mystery(7) + Mystery(8) = 13 + 21 = 34

105 年 03 月
實作題

實作題 第 1 題：成績指標

1.1 原始題目

問題描述

一次考試中，於所有及格學生中獲取最低分數者最為幸運，反之，於所有不及格同學中，獲取最高分數者，可以說是最為不幸，而此二種分數，可以視為成績指標。

請你設計一支程式，讀入全班成績 (人數不固定)，請對所有分數進行排序，並分別找出不及格中最高分數，以及及格中最低分數。

當找不到最低及格分數，表示對於本次考試而言，這是一個不幸之班級，此時請你印出：「worst case」；反之，當找不到最高不及格分數時，請你印出「best case」。

註：假設及格分數為 60，每筆測資皆為 0~100 間整數，且筆數未定。

輸入格式

第一行輸入學生人數，第二行為各學生分數 (0~100 間)，分數與分數之間以一個空白間格。每一筆測資的學生人數為 1~20 的整數。

輸出格式

每筆測資輸出三行。

第一行由小而大印出所有成績，兩數字之間以一個空白間格，最後一個數字後無空白；

第二行印出最高不及格分數，如果全數及格時，於此行印出 best case；

第三行印出最低及格分數，當全數不及格時，於此行印出 worst case。

範例一：輸入

```
10
0 11 22 33 55 66 77 99 88 44
```

範例一：正確輸出

```
0 11 22 33 44 55 66 77 88 99
55
66
```

(說明) 不及格分數最高為 55，及格分數最低為 66。

範例二：輸入

```
1
13
```

範例二：正確輸出

```
13
13
worst case
```

（說明）由於找不到最低及格分，因此第三行須印出「worst case」。

範例三：輸入

```
2
73 65
```

範例三：正確輸出

```
65 73
best case
65
```

（說明）由於找不到不及格分，因此第二行須印出

評分說明

輸入包含若干筆測試資料，每一筆測試資料的執行時間限制 (time limit) 均為 2 秒，依正確通過測資筆數給分。

1.2 解題技巧

尋找最高不及格分數

當分數已由小到大遞增排序後，若第 1 個分數及格的話，表示所有分數都及格，即不及格分數不存在。(下面 score 為已遞增排序的分數陣列)

```
if(score[0] >= 60)  printf("best case\n");
```

如果有不及格分數，就由最後列元素向前找，第 1 個不及格者就是最高不及格分數。(下面 student 為學生人數)

```
int i = student - 1;
while(score[i] >= 60)  i--;  // 由最後數向前找，直到不及格
printf("%d\n", score[i]);
```

尋找最低不及格分數

當分數已由小到大遞增排序後，若最後 1 個分數也不及格的話，表示所有分數都不及格，就是及格分數不存在。

```
if(score[student-1] < 60)  printf("worst case\n");
```

如果有及格分數，就由第 1 個元素向後尋找，第 1 個及格者就是最低及格分數。

```
int i = 0;
while(score[i] < 60)  i++;  // 由第一個數向後找，直到及格
printf("%d\n", score[i]);
```

1.3 參考解答程式碼

```
 1 #include <iostream>
 2 using namespace std;
 3 #include <algorithm>
 4
 5  int main() {
 6    int student;
 7    printf("輸入學生人數：");
 8    scanf("%d", &student);
 9    int score[student];
10    printf("輸入學生成績：");
11    for(int i=0; i<student; i++) {
12      scanf("%d", &score[i]);
13    }
14
15    sort(score, score+student);  // 由小到大排序
16    for(int i=0; i<student; i++) {  // 列印成績
17      if(i==(student-1))  printf("%d\n", score[i]); //不印空格
18      else printf("%d ", score[i]);  //印空格
19    }
20    if(score[0] >= 60)  printf("best case\n"); //最小數達60表示都及格
21    else {
22      int i = student - 1;
23      while(score[i] >= 60)  i--;  // 由最後數向前找，直到不及格
24      printf("%d\n", score[i]);
25    }
26    if(score[student-1] < 60)  printf("worst case\n");
        // 最大數 小於 60 表示都不及格
```

```
27    else {
28      int i = 0;
29      while(score[i] < 60)  i++;  // 由第一個數向後找，直到及格
30      printf("%d\n", score[i]);
31    }
32
33    return 0;
34  }
```

- 第 6-13 列輸入資料。
- 第 15 列將分數遞增排序。
- 第 16-19 列印出分數：17 列若是最後一個資料就換行，18 列不是最後一個資料就加上一個空白字元。
- 第 20-25 列找出最高不及格分數：20 列若第 1 個分數及格表示全部及格，印出「best case」；21-25 列為有人不及格。22 列取得分數陣列最後一個索引，23 列由最後元素向前找，直到出現不及格分數就是最高不及格分數，24 列印出最高不及格分數。
- 第 26-31 列找出最低不及格分數：26 列若最後 1 個分數不及格表示全部不及格，印出「worst case」；27-31 列為有人不及格。28 列取得分數串列第一個索引，29 列由第 1 個元素向後找，直到出現及格分數就是最低及格分數，30 列印出最低及格分數。

實作題 第 2 題：矩陣轉換

2.1 原始題目

問題描述

矩陣是將一群元素整齊的排列成一個矩形，在矩陣中的橫排稱為列 (row)，直排稱為行 (column)，其中以 X_{ij} 來表示矩陣 X 中的第 i 列第 j 行的元素。如圖一中，$X_{32} = 6$。

我們可以對矩陣定義兩種操作如下：

- 翻轉：即第一列與最後一列交換、第二列與倒數第二列交換、… 依此類推。
- 旋轉：將矩陣以順時針方向轉 90 度。

例如：矩陣 X 翻轉後可得到 Y，將矩陣 Y 再旋轉後可得到 Z。

一個矩陣 A 可以經過一連串的旋轉與翻轉操作後，轉換成新矩陣 B。如圖二中，A 經過翻轉與兩次旋轉後，可以得到 B。給定矩陣 B 和一連串的操作，請算出原始的矩陣 A。

X

1	4
2	5
3	6

Y

3	6
2	5
1	4

Z

1	2	3
4	5	6

圖一

一個矩陣 A 可以經過一連串的旋轉與翻轉操作後，轉換成新矩陣 B。如圖二中，A 經過翻轉與兩次旋轉後，可以得到 B。給定矩陣 B 和一連串的操作，請算出原始的矩陣 A。

A —翻轉→ —旋轉→ —旋轉→ B

A

1	1
1	3
2	1

翻轉 →

2	1
1	3
1	1

旋轉 →

1	1	2
1	3	1

旋轉 → B

1	1
3	1
1	2

圖二

輸入格式

第一行有三個介於 1 與 10 之間的正整數 R, C, M。接下來有 R 行 (line) 是矩陣 B 的內容，每一行 (line) 都包含 C 個正整數，其中的第 i 行第 j 個數字代表矩陣 B_{ij} 的值。在矩陣內容後的一行有 M 個整數，表示對矩陣 A 進行的操作。第 k 個整數 m_k 代表第 k 個操作，如果 $m_k = 0$ 則代表旋轉，mk = 1 代表翻轉。同一行的數字之間都是以一個空白間格，且矩陣內容為 0~9 的整數。

輸出格式

輸出包含兩個部分。第一個部分有一行，包含兩個正整數 R' 和 C'，以一個空白隔開，分別代表矩陣 A 的列數和行數。接下來有 R' 行，每一行都包含 C' 個正整數，且每一行的整數之間以一個空白隔開，其中第 i 行的第 j 個數字代表矩陣 A_{ij} 的值。每一行的最後一個數字後並無空白。

範例一：輸入

```
3 2 3
1 1
3 1
1 2
1 0 0
```

範例一：正確輸出

```
3 2
1 1
1 3
2 1
```

（說明）如圖二所示

範例二：輸入

```
3 2 2
3 3
2 1
1 2
0 1
```

範例二：正確輸出

```
2 3
2 1 3
1 2 3
```

（說明）

旋轉 → 翻轉 →

2	1	3
1	2	3

1	2
2	1
3	3

3	3
2	1
1	2

評分說明

輸入包含若干筆測試資料，每一筆測試資料的執行時間限制 (time limit) 均為 2 秒，依正確通過測資筆數給分。其中：

第一子題組共 30 分，其每個操作都是翻轉。

第二子題組共 70 分，操作有翻轉也有旋轉。

2.2 解題技巧

矩陣還原

本題題目是已知矩陣運算（翻轉或順時針旋轉）的結果，要找出原始矩陣。

翻轉是將矩陣上下顛倒，第 1 列變為最後 1 列，第 2 列變為倒數第 2 列，依此類推。要將翻轉結果回復到原始矩陣，只要再翻轉一次即可。

順時針旋轉是將矩陣順時針旋轉 90 度，要將順時針旋轉結果回復到原始矩陣，只要將結果矩陣逆時針旋轉 90 度即可。

本題的矩陣運算可能是多次，回復時必須將運算順序相反：例如原來矩陣運算順序為「翻轉 -> 順時針旋轉 -> 順時針旋轉」,回復時矩陣運算順序應改為「逆時針旋轉 -> 逆時針旋轉 -> 翻轉」。 程式設計是將原來矩陣運算順序儲存於 op 陣列中，將矩陣運算順序反向的程式：

```
for(int i=(M-1); i>=0; i--) {
   矩陣操作
}
```

M 為 op 陣列的長度。

矩陣逆時針旋轉運算

下圖左方為原始矩陣，右方為逆時針旋轉後的結果矩陣：

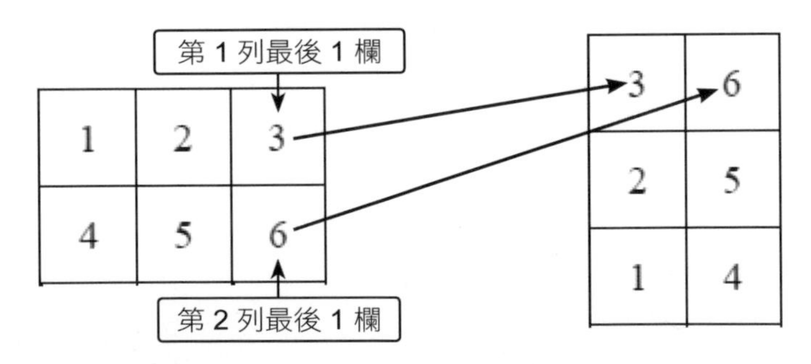

結果矩陣的第 1 列是原始矩陣的最後 1 欄，程式碼為：

```
1  void leftRotate() {  //向左旋轉：題目是
向右旋轉時，所以向左旋轉就會恢復原狀
2      memcpy(tem, data, sizeof(tem));
3      int t = R;  //列與行數交換
4      R = C;
5      C = t;
6      for(int i=1; i<=R; i++) {  //依序處理每一筆資料
```

```
7         for(int j=1; j<=C; j++) {
8           data[i][j] = tem[j][R-i+1];
9         }
10      }
11    }
```

leftRotate 函式可將矩陣逆時針旋轉：data 是原始矩陣，tem 為過程中的暫時矩陣。R 是原始矩陣的列數，C 是原始矩陣的行數。

第 2 列複製一份原始矩陣存於 tem 暫時矩陣中。

第 3-5 列將矩陣的列數與行數交換，例如原始矩陣是 2x3 矩陣，旋轉後會成為 3x2 矩陣。

第 6-10 列依序將每一筆資料以「data[i][j] = tem[j][R-i+1]」運算方式將陣列逆時針旋轉。

矩陣翻轉運算

下圖左方為原始矩陣，右方為翻轉後的結果矩陣：

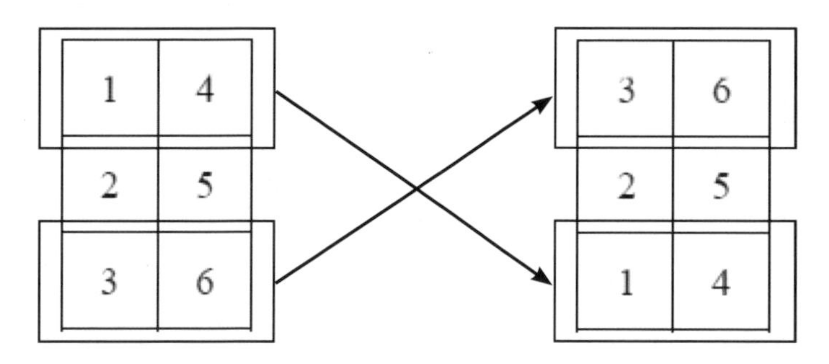

矩陣翻轉就是由原始矩陣的最後 1 列做為結果矩陣的第 1 列，原始矩陣的倒數第 2 列做為結果矩陣的第 2 列，依此類推，程式碼為：

```
1    void flip() {   // 翻轉：題目翻轉時，再翻轉一次就會恢復原狀
2      memcpy(tem, data, sizeof(tem));   // 將 data 複製給 tem
3      for(int i=1;i<=R;i++) {   // 依序處理每一筆資料
4        for(int j=1; j<=C; j++) {
5          data[i][j] = tem[R-i+1][j];
6        }
7      }
8    }
```

flip 函式可將矩陣翻轉，第 3-6 列依序將每一筆資料以「data[i][j] = tem[R-i+1][j]」運算將陣列上下翻轉。

2.3 參考解答程式碼

```
1   #include <iostream>
2   using namespace std;
3
4   int R, C;  // 矩陣的列及行
5   int data[100][100], tem[100][100];
     //data 存矩陣資料 ,tem 做為過程中暫時矩陣
6
7   void leftRotate() {
     // 向左旋轉：題目是向右旋轉時，所以向左旋轉就會恢復原狀
8     memcpy(tem, data, sizeof(tem));
9     int t = R;  // 列與行數交換
10    R = C;
11      C = t;
12    for(int i=1; i<=R; i++) {  // 依序處理每一筆資料
13      for(int j=1; j<=C; j++) {
14        data[i][j] = tem[j][R-i+1];
15      }
16    }
17  }
18
19  void flip() {  // 翻轉：題目翻轉時，再翻轉一次就會恢復原狀
20    memcpy(tem, data, sizeof(tem));  // 將 data 複製給 tem
21    for(int i=1;i<=R;i++) {  // 依序處理每一筆資料
22      for(int j=1; j<=C; j++) {
23        data[i][j] = tem[R-i+1][j];
24      }
25    }
26  }
27
28  int main() {
29    int M;  // 矩陣操作次數
30    printf("Input matrix's rows , columns and transfoms: ");
       // 輸入矩陣列數、行數及轉換數
31    scanf("%d %d %d", &R, &C, &M);
32    for(int i=1; i<=R; i++) {  // 輸入每列資料
33      printf("Input row %d data: ", i+1);  // 輸入矩陣列資料
34      for(int j=1; j<=C; j++) {
35        scanf("%d", &data[i][j]);
```

```
36        }
37      }
38      printf("Input transfoms data: ");  // 輸入矩陣操作資料
39      int op[M];
40      for(int i=0; i<M; i++) {  // 輸入每列資料
41        scanf("%d", &op[i]);
42      }
43
44      for(int i=(M-1); i>=0; i--) {
45        if(op[i] == 0)  leftRotate();  //0 為旋轉
46        else  flip();  //1 為翻轉
47      }
48
49      printf("%d %d\n", R, C);
50      for(int i=1; i<=R; i++) {
51        for(int j=1; j<=C; j++) {
52          if(j==C)  printf("%d\n", data[i][j]);
             // 每列最後資料無空白
53          else printf("%d ", data[i][j]);
54        }
55      }
56
57      return 0;
58    }
```

- 第 4-5 列建立全域變數：R 是結果矩陣列數，C 是結果矩陣欄數，data 陣列儲存矩陣資料，tem 列儲存過程中的暫時矩陣。
- 第 7-17 列建立逆時針旋轉矩陣函式 leftRotate。
- 第 19-26 列建立翻轉矩陣函式 flip。
- 第 29-42 列輸入資料：op 串列儲存矩陣運算，M 是矩陣運算數量。
- 第 44-47 列進行矩陣運算：44 列由最後一個運算向前進行矩陣運算，45 列若原始矩陣運算為 0 就進行逆時針旋轉矩陣，46 列若原始矩陣運算為 1 就進行翻轉矩陣。
- 第 49 列印出列數與行數。
- 第 50-55 列印出矩陣資料。

實作題 第 3 題：線段覆蓋長度

3.1 原始題目

問題描述

給定一維座標上一些線段，求這些線段所覆蓋的長度，注意，重疊的部分只能算一次。例如給定三個線段:(5, 6)、(1, 2)、(4, 8)、和 (7, 9)，如下圖，線段覆蓋長度為 6。

輸入格式：

第一列是一個正整數 N，表示此測試案例有 N 個線段。

接著的 N 列每一列是一個線段的開始端點座標和結束端點座標整數值，開始端點座標值小於等於結束端點座標值，兩者之間以一個空格區隔。

輸出格式：

輸出其總覆蓋的長度 。

範例一：輸入

輸入	說明
5	此測試案例有 5 個線段
160 180	開始端點座標值與結束端點座標
150 200	開始端點座標值與結束端點座標
280 300	開始端點座標值與結束端點座標
300 330	開始端點座標值與結束端點座標
190 210	開始端點座標值與結束端點座標

範例一：輸出

輸出	說明
110	測試案例的結果

範例二：輸入

輸入	說明
1	此測試案例有 1 個線段
120 120	開始端點座標值與結束端點座標

範例二：輸出

輸出	說明
0	測試案例的結果

評分說明

輸入包含若干筆測試資料，每一筆測試資料的執行時間限制 (time limit) 均為 2 秒，依正確通過測資筆數給分。每一個端點座標是一個介於 0~M 之間的整數，每筆測試案例線段個數上限為 N。其中：

第一子題組共 30 分，M<1000，N<100，線段沒有重疊。

第二子題組共 40 分，M<1000，N<100，線段可能重疊。

第三子題組共 30 分，M<10000000，N<10000，線段可能重疊。

3.2 解題技巧

二維陣列排序

本題輸入的資料儲存為二維串列，每個元素包含兩個數字，第一個數字為線段起點，第二個數字為線段終點，例如：

```
int data[4][2] ={{5, 6}, {1, 2}, {4, 8}, {7, 9}};
```

輸入資料時並未排序，我們需要以線段起點（元素的第一個數字）遞增排序方便計算線段重疊部分。

C 語言提供 qsort 函式可對二維陣列中的元素進行排序，但必須自行撰寫比較函式給 qsort 函式使用。

使用 qsort 函式需含入 <stdlib.h> 標頭檔：

```
#include <stdlib.h>
```

以對 data 陣列元素的第一個數字進行遞增排序為例，程式碼為：

```
int comp(const void *a, const void *b){
  return *(int *)a - *(int *)b;  // 依照第一個數遞增排序
}
int main() {
  qsort(data, N, sizeof(int) * 2, comp);
}
```

「data」為陣列起始位址，「N」為元素個數，「sizeof(int) * 2」是每個元素所使用的記憶體大小。執行結果為「{{1, 2}, {4, 8}, {5, 6}, {7, 9}}」。

對 data 陣列元素的第一個數字進行遞減排序的比較函式為：

```
int comp(const void *a, const void *b){
  return *(int *)b - *(int *)a;  // 依照第一個數遞減排序
}
```

執行結果為「{{7, 9}, {5, 6}, {4, 8}, {1, 2}}」。

對 data 陣列元素的第二個數字進行遞增排序的比較函式為：

```
int comp(const void *a, const void *b){
  return *(int *)(a+1) - *(int *)(b+1);  // 依照第二個數遞增排序
}
```

對 data 陣列元素的第二個數字進行遞減排序的比較函式為：

```
int comp(const void *a, const void *b){
  return *(int *)(b+1) - *(int *)(a+1);  // 依照第二個數遞減排序
}
```

線段完全在前一線段內

本題最重要的是需判斷線段是否重疊，因為重疊部分將不納入長度計算。先將各線段以線段起點排序後，就比較容易判斷線段是否重疊。

第一種情況是目前線段完全在前一線段內，則此線段長度可完全忽略，不增加任何覆蓋長度。判斷程式碼為：

```
if((data[i][0]<=data[i-1][1]) && (data[i][1]<=data[i-1][1])) {
```

data[i][0]、data[i][1] 為目前線段的起點、終點，data[i-1][1] 為前一線段的終點。

如果目前線段的起點及終點都小於等於前一線段的終點，就表示目前線段完全在前一線段內：

線段部分在前一線段內

第二種情況是目前線段部分在前一線段內，此時覆蓋長度會增加未重疊部分，程式碼為：(ans 為覆蓋長度，即本題解答)

```
if((data[i][0]<=data[i-1][1]) && (data[i][1]>data[i-1][1]))
  ans += (data[i][1] - data[i-1][1]);
```

如果目前線段的起點在前一線段內，終點在前一線段外，就表示目前線段部分在前一線段內：

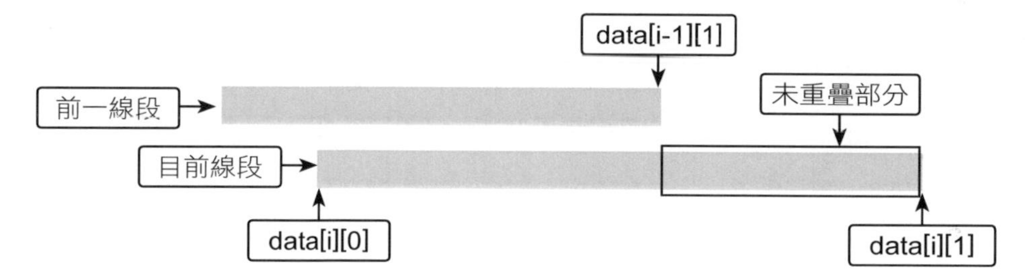

線段與前一線段未重疊

第三種情況是目前線段與前一線段未重疊，此時覆蓋長度會增加目前線段的長度，程式碼為：

```
if(data[i][0]>data[i-1][1])  //獨立線段，未重疊
  ans += data[i][1] - data[i][0];
```

如果目前線段的起點大於前一線段的終點，就表示目前線段與前一線段未重疊：

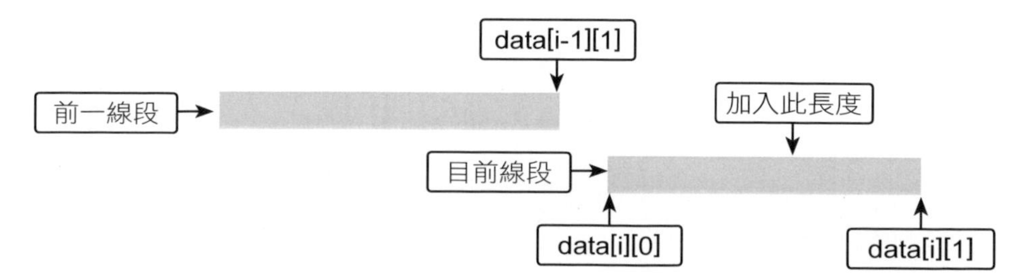

3.3 參考解答程式碼

```
1 #include <iostream>
2 using namespace std;
3 #include <stdlib.h>
4
5 int comp(const void *a, const void *b){
6   return *(int *)a - *(int *)b;  // 依照第一個數遞增排序
7 }
8
9  int main() {
10   int N;
11   printf(" 輸入線段數：");
12   scanf("%d", &N);
13   int data[N][2];
14   for(int i=0; i<N; i++) {
15     printf(" 輸入第 %d 個線段：", i+1);
16     for(int j=0; j<2; j++) {
17       scanf("%d", &data[i][j]);
18     }
19   }
20
21   qsort(data, N, sizeof(int) * 2, comp);
     // 依照第一個數遞增排序
22   int ans = data[0][1] - data[0][0];  // 第一個線段長度
23   for(int i=1; i<N; i++) {  // 從第 2 個線段開始處理
24     if((data[i][0]<=data[i-1][1]) && (data[i][1]<=
         data[i-1][1])) {  // 此線段在前一線段中
25       data[i][0] = data[i-1][0];
26       data[i][1] = data[i-1][1];
27     }
28     else if((data[i][0]<=data[i-1][1]) && (data[i][1]>
         data[i-1][1]))  // 此線段與前一線段重疊
29       ans += (data[i][1] - data[i-1][1]);
30     else if(data[i][0]>data[i-1][1])  // 獨立線段，未重疊
31       ans += data[i][1] - data[i][0];
32   }
33
34   printf("%d\n", ans);
35
```

```
36     return 0;
37 }
```

- 第 3 列含入 qsort 需要的 <stdlib.h> 標頭檔。
- 第 5-7 列為 qsort 的自訂排序比較函式。
- 第 10-19 列輸入資料。
- 第 21 列將資料依照線段起點遞增排序。
- 第 22 列第一個線段長度必然納入覆蓋長度。
- 第 23-32 列由第二個線段開始逐一處理：24 列為目前線段在前一線段中，不增加覆蓋長度，25-26 列將目前線段資料設定為前一線段資料；28 列為目前線段與前一線段部分重疊，29 列將未重疊部分長度加入覆蓋長度;30 列為目前線段與前一線段未重疊，31 列將線段長度加入覆蓋長度。

參考程式檔案

- 此處附上兩個參考程式檔：<10503_3 線段覆蓋長度 .cpp> 需自行輸入資料再執行，為方便使用者執行程式，<10503_3 線段覆蓋長度 _data.cpp> 已將資料建立完成，可直接執行。

實作題 第 4 題：血緣關係

4.1 原始題目

小宇有一個大家族。有一天，他發現記錄整個家族成員和成員間血緣關係的家族族譜。小宇對於最遠的血緣關係（我們稱之為 " 血緣距離 "）有多遠感到很好奇。

下圖為家族的關係圖。0 是 7 的孩子，1、2 和 3 是 0 的孩子，4 和 5 是 1 的孩子，6 是 3 的孩子。我們可以輕易的發現最遠的親戚關係為 4（或 5）和 6，他們的 " 血緣距離 " 是 4 (4~1，1~0，0~3，3~6)。

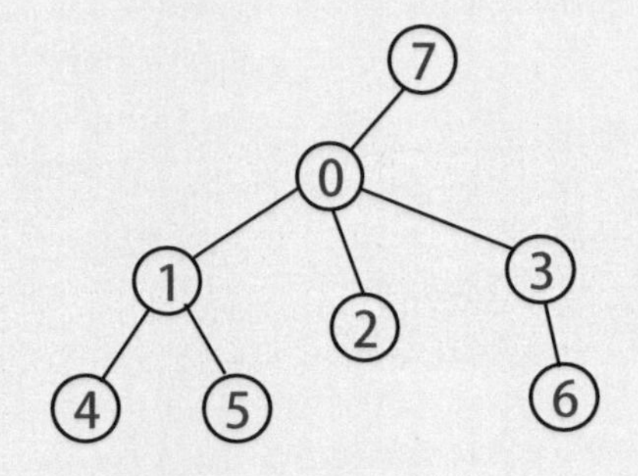

給予任一家族的關係圖，請找出最遠的 " 血緣距離 "。你可以假設只有一個人是整個家族成員的祖先，而且沒有兩個成員有同樣的小孩。

輸入格式

第一行為一個正整數 n 代表成員的個數，每人以 0~n-1 之間惟一的編號代表。接著的 n-1 行，每行有兩個以一個空白隔開的整數 a 與 b ($0 \leq a,b \leq n-1$)，代表 b 是 a 的孩子。

輸出格式

每筆測資輸出一行最遠 " 血緣距離 " 的答案。

範例一：輸入

```
8
0 1
0 2
0 3
7 0
1 4
1 5
3 6
```

範例一：正確輸出

```
4
```

（說明）如題目所附之圖，最遠路徑為 4->1->0->3->6 或 5->1->0->3->6，距離為 4。

範例二：輸入

```
4
0 1
0 2
2 3
```

範例二：正確輸出

```
3
```

（說明）最遠路徑為 1->0->2->3，距離為 3。

評分說明

輸入包含若干筆測試資料，每一筆測試資料的執行時間限制 (time limit) 均為 3 秒，依正確通過測資筆數給分。其中：

第 1 子題組共 10 分，整個家族的祖先最多 2 個小孩，其他成員最多一個小孩，$2 \leqq n \leqq 100$ 。

第 2 子題組共 30 分，$2 \leqq n \leqq 100$。

第 3 子題組共 30 分，$101 \leqq n \leqq 2{,}000$。

第 4 子題組共 30 分，$1{,}001 \leqq n \leqq 100{,}000$。

4.2 解題技巧

建立資料陣列

data 陣列儲存輸入資料：索引 0 儲存 0 號人員的孩子，索引 1 儲存 1 號人員的孩子，……，如果沒有孩子就是空串列。例如範例一的 data 資料為：

```
{{1, 2, 3}, {4, 5}, {}, {6}, {}, {}, {}, {0}}
```

isChild 陣列儲存索引人員是否為其他成員的孩子，true 表示該人員是其他成員的孩子，false 表示不是。

初值設定：isChild 初值全部是 false。（下面程式的 n 為家族總人數）

```
bool isChild[n] = {false};
```

接著逐列處理輸入資料：

```
1 for(int i=1; i<n; i++) {
2   printf("輸入第 %d 列資料：: ", i);
3   scanf("%d %d", &tem1, &tem2);
4   data[tem1].push_back(tem2);   //tem2 為 tem1 的小孩
5   isChild[tem2] = true;   // 人員編號 tem2 是小孩
6 }
```

輸入的資料為「tem1 tem2」表示 tem2 為 tem1 的孩子，例如「0 1」表示 1 號成員是 0 號成員的孩子：第 4 列將 tem2 加入 data[tem1] 中表示 tem2 為 tem1 的孩子，第 5 列設定 tem2 為其他成員的孩子（0 號成員）。

尋找祖先 (根節點)

本題需使用遞迴方法，而家族最上層的祖先（即根節點）將是遞迴的起點。

尋找祖先的方法是「祖先不是任何成員的孩子」，即 isChild 串列元素值為 false，程式碼為：(下面 root 為祖先編號)

```
int root = -1;
for(int i=0; i<n; i++) {
  if(isChild[i] == false) {
     root = i;
     break;
  }
}
```

遞迴函式

遞迴本身就非常困難，本題使用遞迴向下尋找孩子的層數，每多一層就將數值加 1，就可得到血緣距離。

```
int relation(int person) {
    if(data[person].size() == 0)  return 0;
    if(data[person].size() == 1)  return (relation(data[person][0]) + 1);
    ...
}
```

本題的遞迴更困難：因為本題是要找的是「最遠」的血緣距離，當成員有 2 個以上（含）孩子時，該成員會有 2 個以上血緣距離，而最遠的血緣距離可能是這些血緣距離中 2 個最大數值的總和。例如範例一 0 號成員有 3 個孩子，0 與 4 的血緣距離為 2，0 與 6 的血緣距離也為 2，所以本題的解答為 2+2=4。

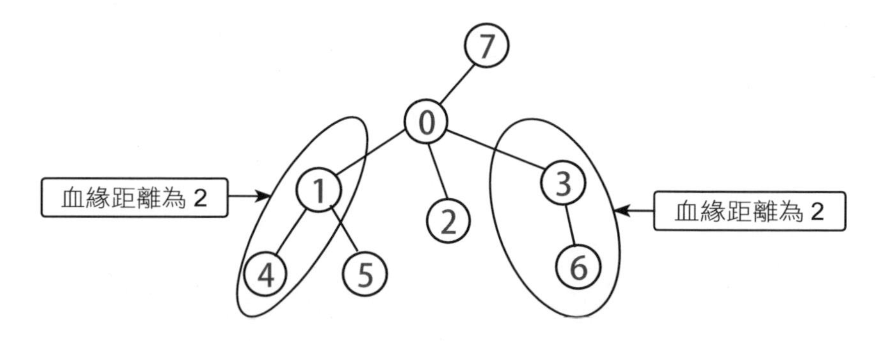

relation 遞迴函式處理 2 個以上（含）孩子時的程式碼為：

```
 1 for(int i=0; i<data[person].size(); i++) {
 2   result = relation(data[person][i]) + 1;
 3   if(i == 0)  max1 = result;  // 第 1 個小孩設為最大值
 4   else if(i == 1) {  // 第 2 個小孩
 5     if(result <= max1)  max2 = result;
         // 若小於等於 max1 就是第二大值
 6     else {  // 若大於 max1 就是最大值，將原有 max1 交給 max2
 7       max2 = max1;
 8       max1 = result;
 9     }
10   }
11   else {  // 第 3 個小孩以後
12     if(result >= max1) {  // 若大於等於 max1
13       max2 = max1;
14       max1 = result;
15     }
16     else if(result > max2)  max2 = result;
         // 若大於 max2 就是第二大值
17   }
18 }
```

這段程式碼要找出所有孩子血緣距離最大的兩個 (max1 及 max2)。

- 第 3 列為若是第 1 個孩子就將其設為最大值。
- 第 4-10 列處理第 2 個孩子：第 5 列若結果小於等於最大值就將結果設為第二大值，6-9 列若結果大於最大值就將原有最大值設為第二大值，結果設為最大值。
- 第 11-18 列處理第 3 個以後的孩子：第 12-15 列若結果大於等於最大值，就將原有最大值設為第二大值，結果設為最大值，16 列若結果大於第二大值就將結果設為第二大值。

4.3 參考解答程式碼

```
 1 #include <iostream>
 2 using namespace std;
 3 #include <vector>
 4 
 5 vector <int> data[1000000];
 6 int ans = 0;
 7 
 8 int relation(int person) {
 9   int max1 = 0;  // 向下的最大值
10   int max2 = 0;
     // 向下的第二大值，因節可兩個方向，所以 ans=max1+max2
11   int result = 0;  // 該人員的深度
12   if(data[person].size() == 0)  return 0;  // 沒有小孩
13   if(data[person].size() == 1)
       return (relation(data[person][0]) + 1);  //1 個小孩
14   else {  //2 個小孩以上
15     for(int i=0; i<data[person].size(); i++) {
16       result = relation(data[person][i]) + 1;
17       if(i == 0)  max1 = result;  // 第 1 個小孩設為最大值
18       else if(i == 1) {  // 第 2 個小孩
19         if(result <= max1)  max2 = result;
           // 若小於等於 max1 就是第二大值
20         else {  // 若大於 max1 就是最大值，將原有 max1 交給 max2
21           max2 = max1;
22           max1 = result;
23         }
24       }
```

```
25       else {  // 第 3 個小孩以後
26         if(result >= max1) {  // 若大於等於 max1
27           max2 = max1;
28           max1 = result;
29         }
30         else if(result > max2)  max2 = result;
           // 若大於 max2 就是第二大值
31         }
32     }
33     ans = max(ans, max1+max2);  // 因節有兩個方向，最大值為
         max1+max2, 再和原有 ans 取較大值
34     return max1;  // 傳回該人員編號向下單向搜尋的最大值
35   }
36 }
37
38 int main() {
39   int n;
40   printf(" 輸入人數：");
41   scanf("%d", &n);
42   bool isChild[n] = {false};  // 記錄人員編號是否為小孩
43   int tem1, tem2;
44   for(int i=1; i<n; i++) {
45     printf(" 輸入第 %d 列資料：: ", i);
46     scanf("%d %d", &tem1, &tem2);
47     data[tem1].push_back(tem2);  //tem2 為 tem1 的小孩
48     isChild[tem2] = true;  // 人員編號 tem2 是小孩
49   }
50
51   int root = -1;  // 最上層人員編號 ( 沒有父節點 )
52   for(int i=0; i<n; i++) {
53     if(isChild[i] == false) {
54       root = i;
55       break;
56     }
57   }
58
59   int retdata = relation(root);  // 由 root 開始向下尋找
60   ans = max(retdata, ans);
     //retdata 為 root 找到的最大值 ,ans 為遞迴中的最大值
61
```

```
62    printf("%d\n", ans);
63
64    return 0;
65 }
```

- 第 8-36 列遞迴函式：9-11 列為建立變數，12 列處理沒有小孩：直接返回 0。13 列處理 1 個小孩：較小孩血緣距離多 1。
- 第 15-32 列處理 2 個以上 (含) 小孩：17 列為第 1 個小孩，直接將結果設為最大值。18-24 列為第 2 個小孩，19 列若結果小於等於最大值就將結果設為第二大值，20-23 列若結果大於最大值就將原有最大值設為第二大值，結果設為最大值。 25-30 列處理第 3 個以後的孩子：26-29 列若結果大於等於最大值就就將原有最大值設為第二大值，結果設為最大值，30 列若結果大於第二大值就將將結果設為第二大值。
- 第 33 列設定解答為原有解答及兩個最大值總和的較大值，34 列傳回最大值。
- 第 39-49 列輸入資料。
- 第 51-57 列尋找祖先 (根節點)。
- 第 59-60 列由祖先為起點向下尋找血緣距離，62 列印出解答。第 59 列搜尋時若該家族全部都只有一個小孩時，並不會執行第 14-35 列，這時 ans 仍然為 0，因此 retdata 就是最大值。若該家族中有成員有兩個小孩以上時，全域變數 ans 就會以 max1+max2 計算得到最大值。

105 年 10 月
觀念題

觀念題 - 第 01 題

(　　)以下 F() 函式執行後，輸出為何？

(A) 1 2
(B) 1 3
(C) 3 2
(D) 3 3

```
void F( ) {
  char t, item[] = {'2', '8', '3', '1', '9'};
  int a, b, c, count = 5;
  for (a=0; a<count-1; a=a+1) {
    c = a;
    t = item[a];
    for (b=a+1; b<count; b=b+1) {
      if (item[b] < t) {
        c = b;
        t = item[b];
      }
      if ((a==2) && (b==3)) {
        printf ("%c %d\n", t, c);
      }
    }
  }
}
```

解題說明

參考解答：B

觀察最後 2 列程式：只有「a==2 && b==3」時才會列印，所以直接看第一個迴圈 a=2、第二個迴圈 b=3 即可。

第一個迴圈 a=2 時：c = a = 2，t = item[a] = item[2] = '3'。

第二個迴圈 b=3 時：第一個 if：因為「'1' < '3'」為真，c = 3，t =item[b] = '1'。

第二個 if：「printf ("%c %d\n", t, c);」印出「1 3」。

觀念題 - 第 02 題

(　　) 以下 switch 敘述程式碼可以如何以 if-else 改寫？

```
(A) if (x==10) y = 'a';
    if (x==20 || x==30) y = 'b';
    y = 'c';
(B) if (x==10) y = 'a';
    else if (x==20 || x==30) y = 'b';
    else y = 'c';
(C) if (x==10) y = 'a';
    if (x>=20 && x<=30) y = 'b';
    y = 'c';
(D) if (x==10) y = 'a';
    else if(x>=20 && x<=30) y = 'b';
    else y = 'c';
```

```
switch (x) {
  case 10: y = 'a'; break;
  case 20:
  case 30: y = 'b'; break;
  default: y = 'c';
}
```

解題說明

參考解答：B

switch 敘述是檢查 case 中有條件成立就結束 switch 敘述，若所有 case 條件都不成立就執行 default 敘述，所以使用 if 敘述時必須使用「else if」。

「case 20: case 30:　y = 'b';」表示值為 20 或 30 時 y 的值為「'b'」，所以改為 if 敘述的條件式為「else if (x==20 || x==30) y = 'b';」。

觀念題 - 第 03 題

(　　)給定右側 G(), K() 兩函式，執行 G(3) 後所回傳的值為何？

(A) 5
(B) 12
(C) 14
(D) 15

```
int K(int a[], int n) {
  if (n >= 0)
    return (K(a, n-1) + a[n]);
  else
    return 0;
 }

int G(int n){
  int a[] = {5,4,3,2,1};
  return K(a, n);
}
```

解題說明

參考解答：C

當第二個參數 n 小於 0 時結束遞迴：

G(3) = K(a, 3)
　　= K(a, 2) + a[3]
　　= K(a, 1) + a[2] + 2　(因 a[3] = 2)
　　= K(a, 0) + a[1] + 3 + 2　(因 a[2] = 3)
　　= K(a, -1) + a[0] + 4 + 5　(因 a[1] = 4)
　　= 0 + 5 + 9 = 14　(因 a[0] = 5，n = -1 結束遞迴)

觀念題 - 第 04 題

(　　)右側程式碼執行後輸出結果為何？

(A) 3
(B) 4
(C) 5
(D) 6

```
int a=2, b=3;
int c=4, d=5;
int val;

val = b/a + c/b + d/b;
printf ("%d\n", val);
```

解題說明

參考解答：A

除法中，商的資料型態與被除數相同，即商的資料型態為整數 (int)。

b/a、c/b、d/b 取整數後皆為 1：1 + 1 + 1 =3。

觀念題 - 第 05 題

(　　)右側程式碼執行後輸出結果為何？

(A) 2 4 6 8 9 7 5 3 1 9
(B) 1 3 5 7 9 2 4 6 8 9
(C) 1 2 3 4 5 6 7 8 9 9
(D) 2 4 6 8 5 1 3 7 9 9

```
int a[9] = {1, 3, 5,
7, 9, 8, 6, 4, 2};
int n=9, tmp;

for (int i=0; i<n; i=i+1) {
  tmp = a[i];
  a[i] = a[n-i-1];
  a[n-i-1] = tmp;
}
for (int i=0; i<=n/2; i=i+1)
  printf ("%d %d ",
    a[i], a[n-i-1]);
```

解題說明

參考解答：C

第一個 for 迴圈進行元素交換：
i = 0 時，a[0] 和 a[8] 交換；i = 1 時，a[1] 和 a[7] 交換，……，
到 i = 3 執行完成後頭尾交換一次，a = {2, 4, 6 ,8, 9, 7, 5, 3, 1}。
i = 4 時，a[4] 和 a[4] 交換：沒有交換。
i = 5 時，a[5] 和 a[3] 交換;i = 6 時，a[6] 和 a[2] 交換，……，到 i = 8 執行完成後頭尾再交換一次，a 還原為原值，a = {1, 3, 5, 7, 9, 8, 6, 4, 2}。

第二個 for 迴圈列印元素值：
i = 0 時，印 a[0] 和 a[8] 即「1 2」。
i = 1 時，印 a[1] 和 a[7] 即「3 4」。
……
i = 4 時，印 a[4] 即「9」。
所以列印結果為「1 2 3 4 5 6 7 8 9 9」。

觀念題 - 第 06 題

(　　)右側函式以 F(7) 呼叫後回傳值為 12，則 <condition> 應為何？

(A) a < 3
(B) a < 2
(C) a < 1
(D) a < 0

```
int F(int a) {
  if ( <condition> )
    return 1;
  else
    return F(a-2) + F(a-3);
}
```

解題說明

參考解答：D

a < 3：(參數小於 3 傳回 1)

F(7) = F(5) + F(4)
　　= F(3) + F(2) + F(2) + F(1)
　　= F(1) + F(0) + 1 + 1+ 1
　　= 1 + 1 + 3
　　= 5

下圖粗斜體部分傳回 1，共計 5 個粗斜體，故傳回 5。

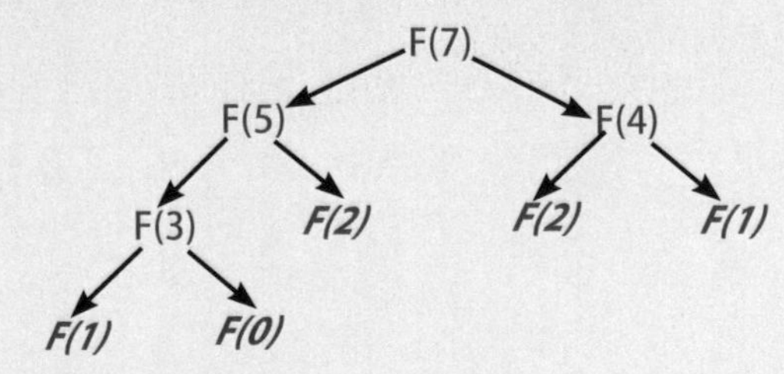

a<2 到 a<0 僅繪出圖形，函式部分自行推理。

a < 2：粗斜體 5 個 + 2 = 7。

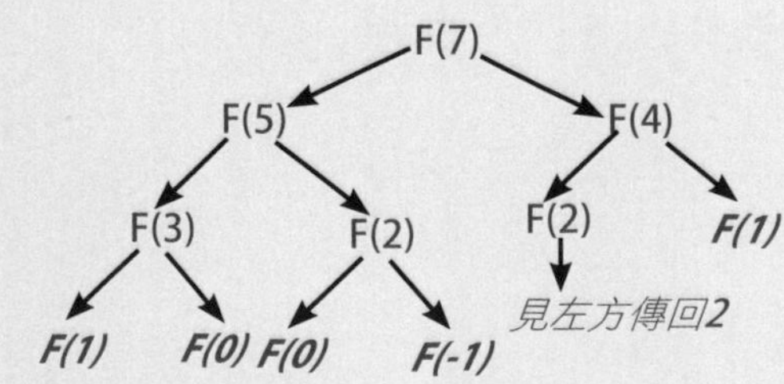

a < 1：粗斜體 5 個 + 2 + 2 = 9。

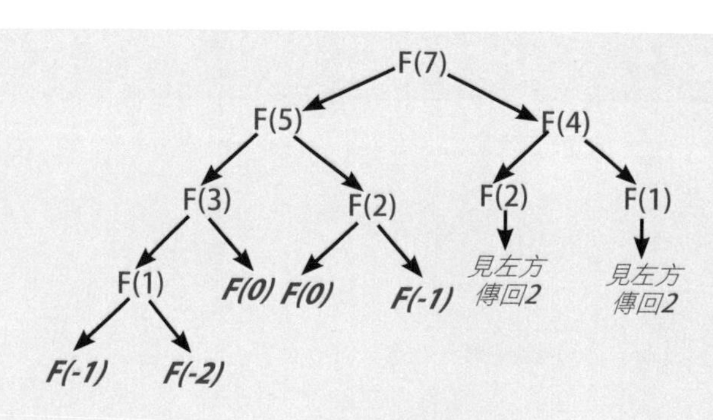

a < 0：粗斜體 5 個 + 2 + 3 + 2 = 12。

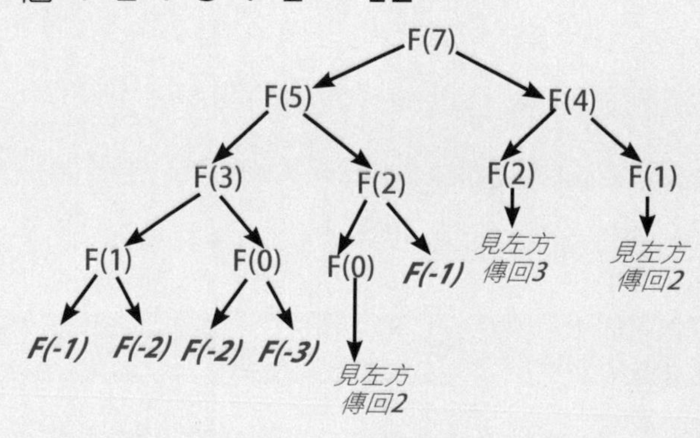

觀念題 - 第 07 題

(　　)若 n 為正整數，右側程式三個迴圈執行完畢後 a 值將為何？

(A) n(n+1)/2
(B) $n^3/2$
(C) n(n-1)/2
(D) $n^2(n+1)/2$

```
int a=0, n;
…
for (int i=1; i<=n; i=i+1)
  for (int j=i; j<=n; j=j+1)
    for (int k=1; k<=n; k=k+1)
      a = a + 1;
```

解題說明

參考解答：D

前兩個迴圈：i = 1 時 j 執行 n 次，i = 2 時 j 執行 n-1 次，……，i = n 時 j 執行 1 次，所以前兩個迴圈執行次數為：

$$n + (n-1) + (n-2) + \cdots\cdots + 1 = n(n+1)/2$$

第三個迴圈執行次數：n。

解答：n*n(n+1)/2 = n2(n+1)/2

觀念題 - 第 08 題

(　　) 下面哪組資料若依序存入陣列中，將無法直接使用二分搜尋法搜尋資料？

(A) a, e, i, o, u
(B) 3, 1, 4, 5, 9
(C) 10000, 0, -10000
(D) 1, 10, 10, 10, 100

解題說明

參考解答：B

使用二分搜尋法必須經過排序（遞增或遞減）。

(A) 是字元遞增排序，(C) 為數值遞減排序，(D) 為數值遞增排序。

(B) 資料未排序，故無法直接使用二分搜尋法。

觀念題 - 第 09 題

(　　) 右側是依據分數 s 評定等第的程式碼片段，正確的等第公式應為：
90~100 判為 A 等
80~89 判為 B 等
70~79 判為 C 等
60~69 判為 D 等
0~59 判為 F 等
這段程式碼在處理 0~100 的分數時，有幾個分數的等第是錯的？

(A) 20
(B) 11
(C) 2
(D) 10

```
if (s>=90) {
  printf ("A \n");
}
else if (s>=80)
{   printf ("B \n");
}
else if (s>60)
{   printf ("D \n");
}
else if (s>70)
{   printf ("C \n");
}
else {
  printf ("F\n");
}
```

解題說明

參考解答：B

「else if (s>60)」並未包含 60 分，所以 60 分會印出「F」造成錯誤。

「else if (s>70)」永遠不會執行，所以 70~79 分都會印出「D」造成錯誤。

結果：60 分及 70 到 79 分共 11 個錯誤。

觀念題 - 第 10 題

(　　)右側主程式執行完三次 G() 的呼叫後，p 陣列中有幾個元素的值為 0？

(A) 1
(B) 2
(C) 3
(D) 4

```
int K (int p[], int v) {
  if (p[v]!=v) {
    p[v] = K(p, p[v]);
  }
  return p[v];
}

void G (int p[],
int l, int r) {
  int a=K(p, l), b=K(p, r);
  if (a!=b) {
    p[b] = a;
  }
}

int main (void) {
  int p[5]={0, 1, 2, 3, 4};
  G(p, 0, 1);
  G(p, 2, 4);
  G(p, 0, 4);
  return 0;
}
```

解題說明

參考解答：C

G(p, 0, 1)：a = K(p,0)，因 p[0] = 0，所以 a = 0；
b = K(p,1)，因 p[1] = 1，所以 b = 1；
因 a != b，所以 p[1]=0，p={0,0,2,3,4}。

G(p, 2, 4)：a = K(p,2)，因 p[2] = 2，所以 a = 2；
b = K(p,4)，因 p[4] = 4，所以 b = 4；
因 a != b，所以 p[4]=2，p={0,0,2,3,2}。

G(p, 0, 4)：a = K(p,0)，因 p[0] = 0，所以 a = 0；
b = K(p,4)，因 p[4] = 2，所以 b = 2；
因 a != b，所以 p[2]=0，p={0,0,0,3,2}。

最後結果 p={0,0,0,3,2}，有 3 個元素為 0。

觀念題 - 第 11 題

(　　) 下方程式片段執行後，count 的值為何？

(A) 36
(B) 20
(C) 12
(D) 3

```
int maze[5][5]= {{1, 1, 1, 1, 1}
                 {1, 0, 1, 0, 1},
                 {1, 1, 0, 0, 1},
                 {1, 0, 0, 1, 1},
                 {1, 1, 1,  1, 1} };
int count=0;
for (int i=1; i<=3; i=i+1) {
  for (int j=1; j<=3; j=j+1) {
    int dir[4][2] = {{-1,0}, {0,1}, {1,0}, {0,-1}};
    for (int d=0; d<4; d=d+1) {
      if (maze[i+dir[d][0]][j+dir[d][1]]==1) {
        count = count + 1;
      }
    }
  }
}
```

解題說明

參考解答：B

這是迷宮矩陣。前兩個迴圈:i 是 maze 二維陣列的列，j 是 maze 陣列的行。dir 陣列表示位置：上、右、下、左。

i=1 時：右圖
　實線為 j=1 (值為 1+1+1+1=4)，
　虛線為 j=2 (值為 1+0+0+0=1)，
　點線為 j=3 (值為 1+1+0+1=3)。
　故 i=1 的總和為 4+1+3=8。

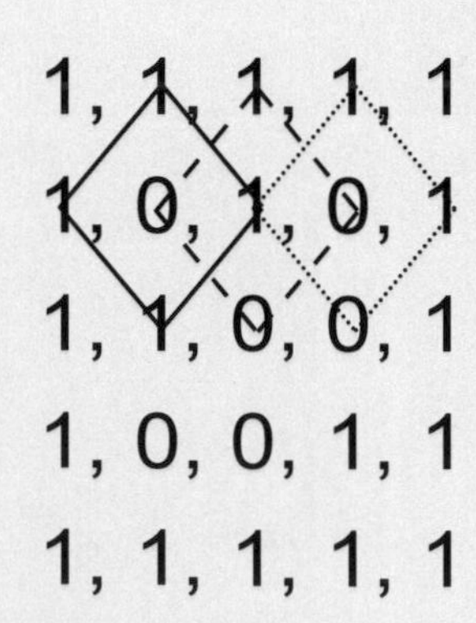

i=2 時：右圖
實線值為 1，
虛線值為 2，
點線值為 2。
故 i=2 的總和為 1+2+2=5。

```
1, 1, 1, 1, 1
1, 0, 1, 0, 1
1, 1, 0, 0, 1
1, 0, 0, 1, 1
1, 1, 1, 1, 1
```

i=3 時：右圖
實線值為 3，
虛線值為 2，
點線值為 2。
故 i=3 的總和為 3+2+2=7。

```
1, 1, 1, 1, 1
1, 0, 1, 0, 1
1, 1, 0, 0, 1
1, 0, 0, 1, 1
1, 1, 1, 1, 1
```

解答：8 + 5 + 7 = 20。

觀念題 - 第 12 題

(　　) 右側程式片段執行過程中的輸出為何？

(A) 5 10 15 20
(B) 5 11 17 23
(C) 6 12 18 24
(D) 6 11 17 22

```
int a = 5;
...
for (int i=0; i<20; i=i+1){
  i = i + a;
  printf ("%d ", i);
}
```

解題說明

參考解答：B

迴圈第一次：for 中 i=0，for 下方 i=5 (印出 5)。

迴圈第二次：for 中 i=5+1=6，for 下方 i=6+5=11 (印出 11)。

迴圈第三次：for 中 i=11+1=12，for 下方 i=12+5=17 (印出 17)。

迴圈第四次：for 中 i=17+1=18 ，for 下方 i=18+5=23 (印出 23)。

迴圈第五次：for 中 i=23+1=24 (24>20 故結束迴圈)。

觀念題 - 第 13 題

(　　) 若宣告一個字元陣列 `char str[20] = "Hello world!";` 該陣列 `str[12]` 值為何？

(A) 未宣告
(B) \0
(C) !
(D) \n

解題說明

參考解答：B

字串有 12 個字元，所以從第 13 個字元開始都是「\0」，即 str[12] 到 str[19] 都是「\0」。

觀念題 - 第 14 題

(　　) 假設 x,y,z 為布林 (boolean) 變數，且 x=TRUE,y=TRUE,z=FALSE。請問下面各布林運算式的真假值依序為何？(TRUE 表真，FALSE 表假)

```
!(y || z) || x
!y || (z || !x)
z || (x && (y || z))
(x || x) && z
```

(A) TRUE FALSE TRUE FALSE
(B) FALSE FALSE TRUE FALSE
(C) FALSE TRUE TRUE FALSE
(D) TRUE TRUE FALSE TRUE

解題說明

參考解答：A

第一項 = !(TRUE) || TRUE = FALSE || TRUE = TRUE。

第二項 = !TRUE || (FALSE || FALSE) = FALSE || FALSE = FALSE。

第三項：FALSE || (TRUE && TRUE) = FALSE || TRUE = TRUE。

第四項：TRUE && FALSE = FALSE。

觀念題 - 第 15 題

(　　)右側程式片段執行過程的輸出為何？

(A) 44
(B) 52
(C) 54
(D) 63

```
int i, sum, arr[10];

for (int i=0; i<10; i=i+1)
  arr[i] = i;

sum = 0;
for (int i=1; i<9; i=i+1)
  sum = sum - arr[i-1]
    + arr[i] + arr[i+1];
  printf ("%d", sum);
```

解題說明

參考解答：B

第一個迴圈：arr = {0, 1, 2, 3, 4, 5, 6, 7, 8, 9}

第二個迴圈，i = 1：sum = sum - 0 + 1 + 2 = sum + 3。
i = 2：sum = sum - 1 + 2 + 3 = sum + 4。
……
i = 8：sum = sum - 7 + 8 + 9 = sum + 10。

答案：3 + 4 + 5 + …… + 10 = (3 + 10) * 8 / 2 = 52。

觀念題 - 第 16 題

(　　)右列程式片段中，假設 a, a_ptr 和 a_ptrptr 這三個變數都有被正確宣告，且呼叫 G() 函式時的參數為 a_ptr 及 a_ptrptr。G() 函式的兩個參數型態該如何宣告？

(A) (a)*int, (b)*int
(B) (a)*int, (b)**int
(C) (a)int*, (b)int*
(D) (a)int*, (b)int**

```
void G ( (a)  a_ptr,
(b)  a_ptrptr) {
  …
}

void main () {
  int a = 1;
  // 加入 a_ptr,
      a_ptrptr 變數的宣告
  …
  a_ptr = &a;
  a_ptrptr = &a_ptr;
  G (a_ptr, a_ptrptr);
}
```

解題說明

參考解答：D

因 a_ptr 為位址「&a」，故參數資料型態為「int*」。

因 a_ptrptr 為位址的位址「&a_ptr」，故參數資料型態為「int**」。

觀念題 - 第 17 題

(　　) 右側程式片段中執行後若要印出下列圖案，(a) 的條件判斷式該如何設定？

```
******
 ****
  **
```

```
for (int i=0; i<=3; i=i+1) {
  for (int j=0; j<i; j=j+1)
    printf(" ");
  for (int k=6-2*i;   (a)   ; k=k-1)
    printf("*");
  printf("\n");
}
```

(A) k > 2
(B) k > 1
(C) k > 0
(D) k > -1

解題說明

參考解答：C

第三個 for 迴圈執行第一次時：

(A) k>2 時「for (int k=6; k>2; k=k-1)」，第一列印 4 個 *；
(B) k>1 時「for (int k=6; k>1; k=k-1)」，第一列印 5 個 *；
(C) k>0 時「for (int k=6; k>0; k=k-1)」，第一列印 6 個 *；
(D) k>-1 時「for (int k=6; k>-1; k=k-1)」，第一列印 7 個 *。

執行結果的第一列印出 6 個「*」，故答案為 (C)。

觀念題 - 第 18 題

(　　) 給定右側 G() 式，執行 G(1) 後所輸出的值為何？

```
void G (int a){
  printf ("%d ", a);
  if (a>=3)
    return;
  else
    G(a+1);
  printf ("%d ", a);
}
```

(A) 1 2 3
(B) 1 2 3 2 1
(C) 1 2 3 3 2 1
(D) 以上皆非

解題說明

參考解答：B

執行 G(1)：印「1」，因「a>=3」為「假」故執行 G(2)，將 G(1) 最後一列存入堆疊。

執行 G(2)：印「2」，因「a>=3」為「假」故執行 G(3)，將 G(2) 最後一列存入堆疊。

執行 G(3)：印「3」，因「a>=3」為「真」故 return。

取出第一個堆疊，執行 G(2) 最後一列印「2」。

取出第二個堆疊，執行 G(1) 最後一列印「1」。

所以答案為「1 2 3 2 1」。

觀念題 - 第 19 題

(　　) 下列程式碼是自動計算找零程式的一部分，程式碼中三個主要變數分別為 Total （購買總額），Paid （實際支付金額），Change （找零金額）。但是此程式片段有冗餘的程式碼，請找出冗餘程式碼的區塊。

(A) 冗餘程式碼在 A 區
(B) 冗餘程式碼在 B 區
(C) 冗餘程式碼在 C 區
(D) 冗餘程式碼在 D 區

```
int Total, Paid, Change;
...
Change = Paid - Total;
printf ("500 : %d pieces\n", (Change-Change%500)/500);
Change = Change % 500;
printf ("100 : %d coins\n", (Change-Change%100)/100);
Change = Change % 100;
// A 區
printf ("50 : %d coins\n", (Change-Change%50)/50);
Change = Change % 50;
// B 區
printf ("10 : %d coins\n", (Change-Change%10)/10);
Change = Change % 10;
// C 區
printf ("5 : %d coins\n", (Change-Change%5)/5);
Change = Change % 5;
// D 區
printf ("1 : %d coins\n", (Change-Change%1)/1);
Change = Change % 1;
```

解題說明

參考解答：D

(D) 為除以 1 是沒有必要的，Change 本身就是找零硬幣數。

觀念題 - 第 20 題

(　　) 右側程式執行後輸出為何？

(A) 0
(B) 10
(C) 25
(D) 50

```
int G (int B) {
  B = B * B;
  return B;
}

int main () {
  int A=0, m=5;

  A = G(m);
  if (m < 10)
    A = G(m) + A;
  else
    A = G(m);

  printf ("%d \n", A);
  return 0;
}
```

解題說明

參考解答：D

A = G(m) = G(5) = 5 * 5 = 25

if (m < 10) //m=5 為真
　A = G(m) + A = G(5) + 25 = 5 * 5 + 25 = 50

觀念題 - 第 21 題

(　　)下面 G() 應為一支遞迴函式，已知當 a 固定為 2，不同的變數 x 值會有不同的回傳值如下表所示。請找出 G() 函式中 (a) 處的計算式該為何？

```
int G (int a, int x) {
  if (x == 0)
    return 1;
  else
    return   (a) ;
}
```

a 值	x 值	G(a, x) 回傳值
2	0	1
2	1	6
2	2	36
2	3	216
2	4	1296
2	5	7776

(A) ((2*a)+2) * G(a, x - 1)
(B) (a+5) * G(a-1, x - 1)
(C) ((3*a)-1) * G(a, x - 1)
(D) (a+6) * G(a, x - 1)

解題說明

參考解答：A

G(2,0)：沒有執行「else」，(A)~(D) 皆傳回 1，全部符合。

G(2,1)：

(A) ((2*2)+2) * G(2, 0) = 6 * 1 = 6。符合。
(B) (2+5) * G(1, 0) = 7 * 1 = 7。
(C) ((3*2)-1) * G(2, 0) = 5 * 1 = 5。
(D) (2+6) * G(2, 0) = 8 * 1 = 8。

答案：(A)。

觀念題 - 第 22 題

(　　)如果 X_n 代表 X 這個數字是 n 進位，請問 $D02A_{16}+5487_{10}$ 等於多少？

(A) $1100\ 0101\ 1001\ 1001_2$
(B) 162631_8
(C) 58787_{16}
(D) $F599_{16}$

解題說明

參考解答：B

$D02A_{16} + 5487_{10} = (13*16^3 + 2*16 + 10) + 5487 = 58777_{10}$

(A) $=C599_{16} = 12*16^3 + 5*16^2 + 9*16 + 9 = 50585_{10}$

(B) $=8^5 + 6*8^4 + 2*8^3 + 6*8^2 + 3*8 + 1 = 58777_{10}$

(C) $= 5*16^4 + 8*16^3 +7*16^2 + 8*16 + 7 = 362375_{10}$

(D) $= 15*16^3 + 5*16^2 + 9*16 + 9 = 62873_{10}$

觀念題 - 第 23 題

(　　)請問右側程式，執行完後輸出為何？

(A) 2417851639229258349412352 7
(B) 68921 43
(C) 65537 65539
(D) 134217728 6

```
int i=2, x=3;
int N=65536;

while (i <= N) {
  i = i * i * i;
  x = x + 1;
}
printf ("%d %d \n", i, x);
```

解題說明

參考解答：D

$N = 65536 = 2^{16}$

迴圈第一次：$i = 2^3$，$x = 4$。
迴圈第二次：$i = 2^3 * 2^3 * 2^3 = 2^9$，$x = 5$。
迴圈第三次：$i=2^9 * 2^9 * 2^9 = 2^{27} = 2^{16} * 2^{11} = 65536 * 2048 = 134217728$，$x = 6$。

觀念題 - 第 24 題

(　　) 右側 G() 為遞迴函式，G(3,7) 執行後回傳值為何？

(A) 128
(B) 2187
(C) 6561
(D) 1024

```
int G (int a, int x) {
  if (x == 0)
    return 1;
  else
    return (a * G(a, x - 1));
}
```

解題說明

參考解答：B

第二個參數 x 等於 0 時結束遞迴。

G(3, 7) = 3 * G(3, 6)
　　= 3 * 3 * G(3, 5)
　　= 9 * 3 * G(3, 4)
　　= 27 * 3 * G(3, 3)
　　= 81 * 3 * G(3, 2)
　　= 243 * 3 * G(3, 1)
　　= 729 * 3 * G(3, 0) -> 結束遞迴
　　= 2187

觀念題 - 第 25 題

(　　)右側函式若以 search (1, 10, 3) 呼叫時，search 函式總共會被執行幾次？

(A) 2
(B) 3
(C) 4
(D) 5

```
void search (int x,
int y, int z) {
  if (x < y) {
    t = ceiling ((x + y)/2);
    if (z >= t)
      search(t, y, z);
    else
      search(x, t - 1, z);
  }
}
```

註：ceiling() 為無條件進位至整數位。例如
ceiling(3.1)=4,
ceiling(3.9)=4。

解題說明

參考解答：C

當「x>=y」時結束遞迴。

第一次執行：search(1,10,3)，t=ceiling ((1+10)/2)=6，因「z<t」故執行 search(x, t - 1, z) = search(1,5,3)。
第二次執行：search(1,5,3)，t=ceiling ((1+5)/2)=3，因「z=t」故執行 search(t, y, z) = search(3,5,3)。
第三次執行：search(3,5,3)，t=ceiling ((3+5)/2)=4，因「z<t」故執行 search(x, t - 1, z) = search(3,3,3)。
第四次執行：search(3,3,3)，因 x=y，程式結束。

105 年 10 月
實作題

實作題 第 1 題：三角形辨別

1.1 原始題目

問題描述

三角形除了是最基本的多邊形外，亦可進一步細分為鈍角三角形、直角三角形及銳角三角形。若給定三個線段的長度，透過下列公式的運算，即可得知此三線段能否構成三角形，亦可判斷是直角、銳度和鈍角三角形。

提示

若 a、b、c 為三個線段的邊長，且 c 為最大值，則

若 $a + b \leqq c$，三線段無法構成三角形

若 $a \times a + b \times b < c \times c$，三線段構成鈍角三角形 (Obtuse triangle)

若 $a \times a + b \times b = c \times c$，三線段構成直角三角形 (Right triangle)

若 $a \times a + b \times b > c \times c$，三線段構成銳角三角形 (Acute triangle)

請設計程式以讀入三個線段的長度，判斷並輸出此三線段可否構成三角形？若可，判斷並輸出其所屬三角形類型。

輸入格式

輸入僅一行包含三正整數，三正整數皆小於 30,001，兩數之間有一空白。

輸出格式

輸出共有兩行，第一行由小而大印出此三正整數，兩數字之間以一個空白間格，最後一個數字後不應有空白；第二行輸出三角形的類型：

若無法構成三角形時輸出「No」；

若構成鈍角三角形時輸出「Obtuse」；

若直角三角形時輸出「Right」；

若銳角三角形時輸出「Acute」。

範例一：輸入

```
3 4 5
```

範例一：正確輸出

```
3 4 5
Right
```

（說明）a×a + b×b = c×c 成立時為直角三角形。

範例二：輸入

```
101 100 99
```

範例二：正確輸出

```
99 100 101
Acute
```

（說明）邊長排序由小到大輸出，a×a + b×b > c×c 成立時為銳角三角形。

範例三：輸入

```
10 100 10
```

範例三：正確輸出

```
10 10 100
No
```

（說明）由於無法構成三角形，因此第二行須印出「No」。

評分說明

輸入包含若干筆測試資料，每一筆測試資料的執行時間限制 (time limit) 均為 1 秒，依正確通過測資筆數給分。

1.2 解題技巧

C 語言排序函式

C 語言可用 sort 函式對陣列元素進行排序，使用 sort 函式需含入 <algorithm>：

```
#include <algorithm>
```

sort 函式的語法為：

```
sort( 起始位址 , 結束位址 );
```

例如：

```
int a[5]={2, 4, 1, 9, 8};
sort(a, a+5);  //{1, 2, 4, 8, 9}
```

sort 函式預設為遞增排序，若要進行遞減排序，需加入自行撰寫的判斷函式做為第 3 個參數：

```
bool DESC (int i,int j) { return (i>j); }
int main() {
  int a[5]={2, 4, 1, 9, 8};
  sort(a, a+5, DESC);  //{9, 8, 4, 2, 1}
}
```

如果有不及格分數，就由最後列元素向前找，第 1 個不及格者就是最高不及格分數。(下面 student 為學生人數)

```
int i = student - 1;
while(score[i] >= 60)  i--;  // 由最後數向前找，直到不及格
printf("%d\n", score[i]);
```

三邊長遞增排序

判斷三角形都是使用較小兩邊與最長邊比較，使用者輸入資料時並未排序，只要將三邊長儲存於陣列中，再對陣列進行遞增排序，則前 2 個元素就是較小兩邊長，第 3 個元素就是最長邊長。

1.3 參考解答程式碼

```
 1 #include <iostream>
 2 using namespace std;
 3 #include <algorithm>
 4
 5 int main() {
 6   int tri[3];
 7   printf("Input three edges of triangle: ");
          // 輸入三角形三邊長
 8   for(int i=0; i<3; i++)  scanf("%d", &tri[i]);
 9
10   sort(tri, tri+3);  // 排序
11   int a = tri[0];
12   int b = tri[1];
```

```
13    int c = tri[2];  //最大數
14    string ans;
15    if((a+b) <= c)  ans = "No";  // 無法形成三角形
16   else if((a*a + b*b) == c*c) ans = "Right"; // 直角三角形
17   else if((a*a + b*b) > c*c) ans = "Acute";  // 銳角三角形
18   else if((a*a + b*b) < c*c) ans = "Obtuse"; // 鈍角三角形
19
20    printf("%d %d %d\n", a, b, c);
21    printf("%s\n", ans.c_str());
22
23    return 0;
24 }
```

- 第 3 列含入 <algorithm> 程式庫，此為使用 sort 排序函式所需的程式庫。
- 第 6-8 列輸入資料。
- 第 10 列對三邊長由小到大排序。
- 第 11-13 列，a 及 b 是較小兩邊，c 是最長邊。
- 第 14 列，建立字串變數 ans 為解答。
- 第 15 列，較小兩邊長總和小於等於最長邊就無法構成三角形。
- 第 16 列，較小兩邊長平方和等於最長邊平方就是直角三角形。
- 第 17 列，較小兩邊長平方和大於最長邊平方就是銳角三角形。
- 第 18 列，較小兩邊長平方和小於最長邊平方就是鈍角三角形。
- 第 20 列，印出三角形三邊長。
- 第 21 列，印出何種三角形，c_str() 可以將 String 物件轉換成 C 語言形式的字串常數。

實作題 第 2 題：最大和

2.1 原始題目

問題描述

給定 N 群數字，每群都恰有 M 個正整數。若從每群數字中各選擇一個數字（假設第 i 群所選出數字為 ti），將所選出的 N 個數字加總即可得總和 S = t1+t2+…+tN。請寫程式計算 S 的最大值（最大總和），並判斷各群所選出的數字是否可以整除 S。

輸入格式

第一行有二個正整數 N 和 M，1 ≦ N ≦ 20，1 ≦ M ≦ 20。

接下來的 N 行，每一行各有 M 個正整數 xi ，代表一群整數，數字與數字間有一個空格，且 1 ≦ i ≦ M，以及 1 ≦ xi ≦ 256。

輸出格式

第一行輸出最大總和 S。

第二行按照被選擇數字所屬群的順序，輸出可以整除 S 的被選擇數字，數字與數字間以一個空格隔開，最後一個數字後無空白；若 N 個被選擇數字都不能整除 S，就輸出 -1。

範例一：輸入

```
3 2
1 5
6 4
1 1
```

範例一：正確輸出

```
12
6 1
```

（說明）挑選的數字依序是 5, 6, 1，總和 S=12。而此三數中可整除 S 的是 6 與 1，6 在第二群，1 在第 3 群所以先輸出 6 再輸出 1。注意，1 雖然也出現在第一群，但她不是第一群中挑出的數字，所以順序是先 6 後 1。

範例二：輸入

```
4 3
6 3 2
2 7 9
4 7 1
9 5 3
```

範例二：正確輸出

```
31
-1
```

（說明）挑選的數字依序是 6,9,7,9 總和 S=31。而此四數中沒有可整除 S 的，所以第二行輸出 -1。

評分說明

輸入包含若干筆測試資料，每一筆測試資料的執行時間限制 (time limit) 均為 1 秒，依正確通過測資筆數給分。其中：

第 1 子題組 20 分：1 ≦ N ≦ 20，M = 1。

第 2 子題組 30 分：1 ≦ N ≦ 20，M = 2。

第 3 子題組 50 分：1 ≦ N ≦ 20，1 ≦ M ≦ 20。

2.2 解題技巧

二維陣列元素排序

本題輸入的資料儲存為二維陣列，例如範例一的資料陣列為：

```
int data[3][2] = {{1, 5}, {6, 4}, {1, 1}};
```

解答為每個元素中最大值的總和。因為元素也是陣列，可使用迴圈以 sort 方法做陣列遞增排序，如此最後一個數值就是最大值，將其加總即可。使用迴圈做陣列遞增排序的程式碼為：

```
for(int i=0; i<N; i++) {
  sort(data[i], data[i]+M);
}
```

N 為第一維元素個數，例如上面範例的「3」；M 為第二維元素個數，例如上面範例的「2」。

輸出結果時最後一個數值後無空白

題目要求若輸出多個數字時，數字與數字間以一個空格隔開，最後一個數字後無空白。輸出時要檢查輸出的數字是否最後一個數字，如果是就輸出換行，否則輸出一個空白字元，程式碼為：

```
for(int i=0; i<count; i++) {
  if(i==(count-1))  printf("%d\n", ans[i]);  // 最後一個數
  else  printf("%d ", ans[i]);  // 不是最後一個數
}
```

2.3 參考解答程式碼

```
 1 #include <iostream>
 2 using namespace std;
 3 #include <algorithm>
 4 
 5 int main() {
 6   int N, M;
 7   printf("Input number of rows and columns: ");// 輸入列及行數
 8   scanf("%d %d", &N, &M);
 9   int data[N][M];
10   for(int i=0; i<N; i++) {
11     printf("Input row %d data: ", i+1);  // 輸入列資料
12     for(int j=0; j<M; j++) {
13       scanf("%d", &data[i][j]);
14     }
15   }
16 
17   int sum1 = 0;  // 存總和
18   for(int i=0; i<N; i++) {
19     sort(data[i], data[i]+M);  // 各列由小到大排序
20     sum1 += data[i][M-1];  // 最大數總和
21   }
22   int ans[N];  // 存可整除數
23   int count = 0;  // 可整除數的數量
24   for(int i=0; i<N; i++) {
25     if((sum1 % data[i][M-1])==0) {  // 總和整除
26       ans[count] = data[i][M-1];  // 記錄整除的最大數
27       count++;
28     }
```

```
29    }
30    if(count==0) {  // 都沒有整除的數
31      ans[0] = -1;
32      count = 1;
33    }
34
35    printf("%d\n", sum1);
36      // 印出整除的數，最後一個數沒有空格
37    for(int i=0; i<count; i++) {
38      if(i==(count-1))  printf("%d\n", ans[i]);  // 最後一個數
39      else  printf("%d ", ans[i]);  // 不是最後一個數
40    }
41
42    return 0;
43 }
```

- 第 6-15 列輸入資料。
- 第 17-21 列計算最大數總和：17 列先設定總和初始值為 0，19 列對每個元素陣列做遞增排序，20 列「data[i][M-1]」是每個元素的最大值，將其加總。
- 第 22-29 列找出可整除的最大值：22 列建立解答空陣列，23 列 count 變數儲存可整除數的數量，25-26 列若最大值可整除就將最大值加入解答陣列中，27 列 可整除數的數量加 1。
- 30-33 列若都沒有最大值可整除時就將「-1」加入解答陣列中，並設定 count=1 控制第 37 列可以顯示 ans[0] 的元素。
- 第 35 列印出最大數總和。
- 第 37-40 列印出可整除的最大數：38 列若是最後一個數就換行，39 列若不是最後一個數就加印一個空白字元。

參考程式檔案

此處附上兩個參考程式檔：<10510_2 最大和 .cpp> 需自行輸入資料再執行，為方便使用者執行程式，<10510_2 最大和 _data.cpp> 已將資料建立完成，可直接執行。

實作題 第 3 題：定時 K 彈

3.1 原始題目

問題描述

「定時 K 彈」是一個團康遊戲，N 個人圍成一個圈，由 1 號依序到 N 號，從 1 號開始依序傳遞一枚玩具炸彈，炸彈每次到第 M 個人就會爆炸，此人即淘汰，被淘汰的人要離開圓圈，然後炸彈再從該淘汰者的下一個開始傳遞。遊戲之所以稱 K 彈是因為這枚炸彈只會爆炸 K 次，在第 K 次爆炸後，遊戲即停止，而此時在第 K 個淘汰者的下一位遊戲者被稱為幸運者，通常就會被要求表演節目。例如 N=5，M=2，如果 K=2，炸彈會爆炸兩次，被爆炸淘汰的順序依序是 2 與 4（參見下圖），這時 5 號就是幸運者。如果 K=3，剛才的遊戲會繼續，第三個淘汰的是 1 號，所以幸運者是 3 號。如果 K=4，下一輪淘汰 5 號，所以 3 號是幸運者。

給定 N、M 與 K，請寫程式計算出誰是幸運者。

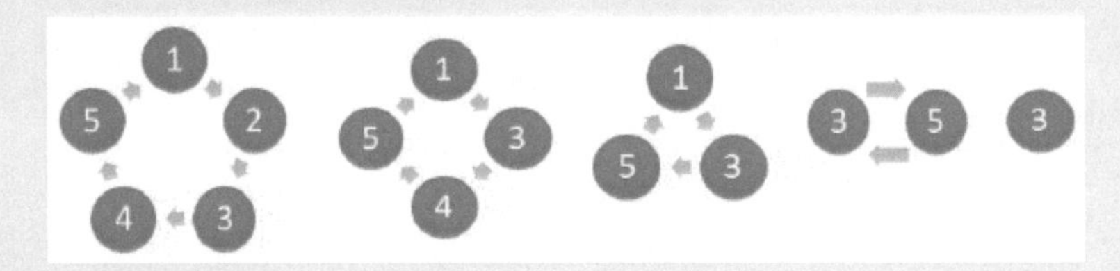

輸入格式

輸入只有一行包含三個正整數，依序為 N、M 與 K，兩數中間有一個空格分開。其中 1 ≦ K<N。

輸出格式

請輸出幸運者的號碼，結尾有換行符號。

範例一：輸入

```
5 2 4
```

範例一：正確輸出

```
3
```

（說明）被淘汰的順序是 2、4、1、5，此時 5 的下一位是 3，也是最後剩下的，所以幸運者是 3。

範例二：輸入

```
8 3 6
```

範例二：正確輸出

```
4
```

（說明）被淘汰的順序是 3、6、1、5、2、8，此時 8 的下一位是 4，所以幸運者是 4。

評分說明

輸入包含若干筆測試資料，每一筆測試資料的執行時間限制 (time limit) 均為 1 秒，依正確通過測資筆數給分。其中：

第 1 子題組 20 分，1 ≦ N ≦ 100，且 1 ≦ M ≦ 10，K = N-1。

第 2 子題組 30 分，1 ≦ N ≦ 10,000，且 1 ≦ M ≦ 1,000,000，K = N-1。

第 3 子題組 20 分，1 ≦ N ≦ 200,000，且 1 ≦ M ≦ 1,000,000，K = N-1。

第 4 子題組 30 分，1 ≦ N ≦ 200,000，且 1 ≦ M ≦ 1,000,000，1 ≦ K < N。

3.2 解題技巧

使用陣列移除淘汰者 K 次

本題使用 person 陣列依序儲存遊戲者編號，例如範例一遊戲者有 5 人：

```
person = {1, 2, 3, 4, 5};
```

每次接到炸彈刪除淘汰者的程式碼為：

```
int now = 0;
for(int i=0; i<K; i++) {
  now = (now + M -1) % person.size();  /
  person.erase(person.begin()+now);
}
```

變數 now 為目前遊戲者在陣列的索引，開始遊戲時 now=0（編號 1），「now + M -1」是接到炸彈的淘汰者索引，如果索引超過陣列索引範圍就回到陣列前面元素，因此取除以陣列長度的餘數「now = (now + M -1) % person.size();」，然後移除接到炸彈的淘汰者 (person.erase(person.begin()+now);)。

以範例一為例：

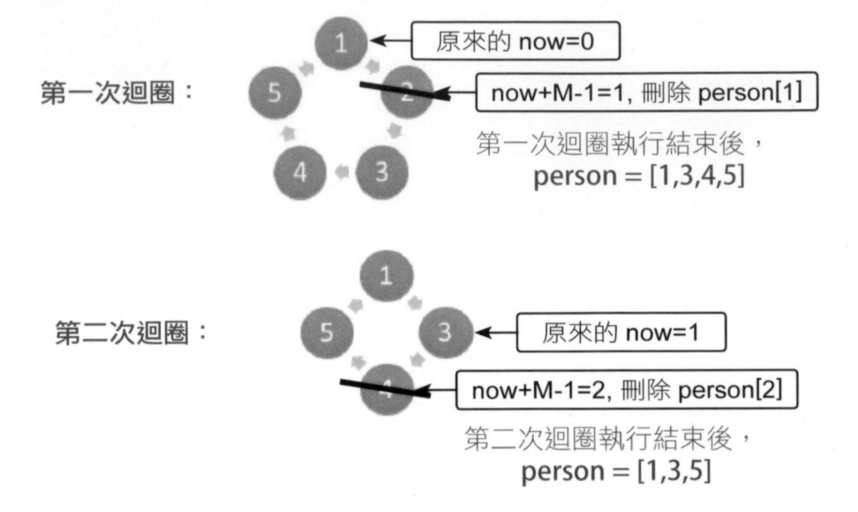

依此類推。整個迴圈結束後，now 變數的值為最後刪除元素的索引。

3.3 參考解答程式碼

```
 1 #include <iostream>
 2 using namespace std;
 3 #include <vector>
 4
 5 int main() {
 6   int N, M, K;
 7   printf("Input N、M and K: ");
 8   scanf("%d %d %d", &N, &M, &K);
 9
10   vector <int> person;
11   for(int i=1; i<=N; i++)  person.push_back(i);  //建立人員編號
12   int now = 0;  //目前輪到人員索引
13   for(int i=0; i<K; i++) {  //執行 K 次
14     now = (now + M -1) % person.size();  //now+M-1 為下一次
       輪到人員索引(被炸人員)
15     person.erase(person.begin()+now);  //移除輪到人員索引
16   }
17   int ans = 0;
18   if(person.size() == 1)  ans = person[0];
     //只剩一個人即為幸運者
19   else if(now == person.size())  ans = person[0];  //刪除的是
     最後一人，幸運者為第一人
```

```
20    else  ans = person[now];
        // 刪除 person[now] 後，目前 person[now] 即為下一人
21
22    printf("%d\n", ans);
23
24    return 0;
25 }
```

- 第 6-8 列輸入資料。
- 第 10-11 列建立遊戲者陣列初始值。
- 第 13-16 列移除炸彈爆炸淘汰者 K 次：12 列設定開始遊戲者索引初始值，13 列執行 K 次迴圈，14 列計算炸彈爆炸淘汰者的索引，15 列移除炸彈爆炸淘汰者。
- 第 17-20 列取得幸運者編號：12-15 列迴圈結束後，now 變數的值為最後刪除元素的索引。18 列若只剩一位遊戲者，則其必然為幸運者；19 列若 now 為最後一位遊戲者，則該遊戲者已被刪除，所以幸運者為第一位遊戲者；20 列，否則就是索引為 now 的遊戲者。

實作題 第 4 題：棒球遊戲

4.1 原始題目

問題描述

謙謙最近迷上棒球，他想自己寫一個簡化的棒球遊戲計分程式。這個程式會讀入球隊中每位球員的打擊結果，然後計算出球隊的得分。

這是個簡化版的模擬，假設擊球員的打擊結果只有以下情況：

(1) 安打:以 1B, 2B, 3B 和 HR 分別代表一壘打、二壘打、三壘打和全 (四) 壘打。

(2) 出局：以 FO, GO, 和 SO 表示。

這個簡化版的規則如下：

(1) 球場上有四個壘包，稱為本壘、一壘、二壘和三壘。

(2) 站在本壘握著球棒打球的稱為「擊球員」，站在另外三個壘包的稱為「跑壘員」。

(3) 當擊球員的打擊結果為「安打」時，場上球員（擊球員與跑壘員）可以移動；結果為「出局」時，跑壘員不動，擊球員離場，換下一位擊球員。

(4) 球隊總共有九位球員，依序排列。比賽開始由第 1 位開始打擊，當第 i 位球員打擊完畢後，由第 (i+1) 位球員擔任擊球員。當第九位球員完畢後，則輪回第一位球員。

(5) 當打出 K 壘打時，場上球員（擊球員和跑壘員）會前進 K 個壘包。從本壘前進一個壘包會移動到一壘，接著是二壘、三壘，最後回到本壘。

(6) 每位球員回到本壘時可得 1 分。

(7) 每達到三個出局數時，一、二和三壘就會清空（跑壘員都得離開），重新開始。

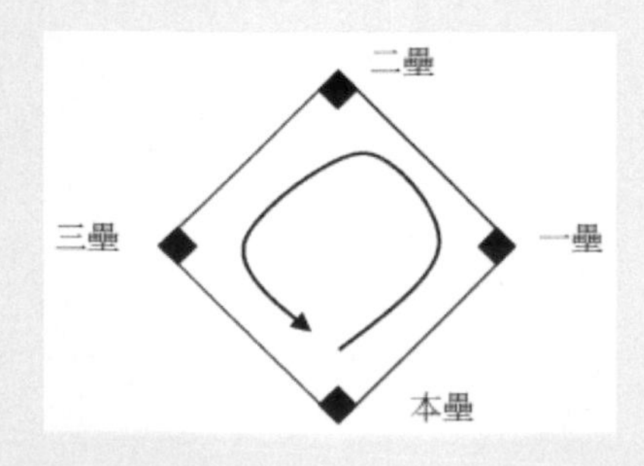

請寫出具備這樣功能的程式，計算球隊的總得分。

輸入格式

1. 每組測試資料固定有十行。
2. 第一到九行，依照球員順序，每一行代表一位球員的打擊資訊。每一行開始有一個正整數 a (1 ≦ a ≦ 5)，代表球員總共打了 a 次。接下來有 a 個字串（均為兩個字元），依序代表每次打擊的結果。資料之間均以一個空白字元隔開。球員的打擊資訊不會有錯誤也不會缺漏。
3. 第十行有一個正整數 b (1 ≦ b ≦ 27)，表示我們想要計算當總出局數累計到 b 時，該球隊的得分。輸入的打擊資訊中至少包含 b 個出局。

輸出格式

計算在總計第 b 個出局數發生時的總得分，並將此得分輸出於一行。

範例一：輸入

```
5 1B 1B FO GO 1B
5 1B 2B FO FO SO
4 SO HR SO 1B
4 FO FO FO HR
4 1B 1B 1B 1B
4 GO GO 3B GO
4 1B GO GO SO
4 SO GO 2B 2B
4 3B GO GO FO
3
```

範例一：正確輸出

```
0
```

（說明）

1B：一壘有跑壘員。

1B：一、二壘有跑壘員。

SO：一、二壘有跑壘員，一出局。

FO：一、二壘有跑壘員，兩出局。

1B：一、二、三壘有跑壘員，兩出局。

GO：一、二、三壘有跑壘員，三出局。

達到第三個出局數時，一、二、三壘均有跑壘員，但無法得分。因為 b = 3，代表三個出局就結束比賽，因此得到 0 分。

範例二：輸入

```
5 1B 1B FO GO 1B
5 1B 2B FO FO SO
4 SO HR SO 1B
4 FO FO FO HR
4 1B 1B 1B 1B
4 GO GO 3B GO
4 1B GO GO SO
4 SO GO 2B 2B
4 3B GO GO FO
6
```

範例二：正確輸出

```
5
```

（說明）接續範例一，達到第三個出局數時未得分，壘上清空。

1B：一壘有跑壘員。

SO：一壘有跑壘員，一出局。

3B：三壘有跑壘員，一出局，得一分。

1B：一壘有跑壘員，一出局，得兩分。

2B：二、三壘有跑壘員，一出局，得兩分。

HR：一出局，得五分。

FO：兩出局，得五分。

1B：一壘有跑壘員，兩出局，得五分。

GO：一壘有跑壘員，三出局，得五分。

因為 b = 6，代表要計算的是累積六個出局時的得分，因此在前 3 個出局數時得 0 分，第 4~6 個出局數得到 5 分，因此總得分是 0+5=5 分。

評分說明

輸入包含若干筆測試資料，每一筆測試資料的執行時間限制 (time limit) 均為 1 秒，依正確通過測資筆數給分。其中：

第 1 子題組 20 分，打擊表現只有 HR 和 SO 兩種。

第 2 子題組 20 分，安打表現只有 1B，而且 b 固定為 3。

第 3 子題組 20 分，b 固定為 3。

第 4 子題組 40 分，無特別限制。

4.2 解題技巧

變數意義

data 陣列儲存 9 個打擊者的打擊結果，例如範例一的 data 陣列為：

```
char data[9][10][3] = {{"1B", "1B", "FO", "GO", "1B"}, {"1B",
  "2B", "FO", "FO", "SO"}, ……, {"3B", "GO", "GO", "FO"}};
```

第一維「9」表示 9 個打擊者，第二維是每個打擊者的打擊數目，此數值並不固定，此處給予一個較大數「10」(即每個打擊者最多打擊 10 次)，第三維為打擊結果，固定 2 個字元，故設定為「3」。
outn 儲存題目要求的出局者人數，當出局人數達到此數值時就結束程式。

hitn 陣列儲存 9 個打擊者的打擊數目，就是前 9 列輸入資料的第 1 個數字，例如範例一的 hitn 陣列為：

```
int hitn[9] = {5, 5, 4, 4, 4, 4, 4, 4, 4};
```

totalhit 儲存打擊總數，就是 hitn 陣列元素值的總和。

out 記錄到目前出局的總人數：當 out 是 3 的倍數表示一局結束，當 out 等於 outn (題目要求的出局者人數)時就結束程式。

basevec 陣列儲存目前壘上是否有人，例如 basevec 的值為「{1,3}」表示 1、3 壘有人，當元素值大於等於 4 時就表示得分了！

score 記錄目前得分，也就是解答。count 記錄目前是第幾個打擊數，0 表示第 1 個打擊數、1 表示第 2 個打擊數，依此類推。

出局的處理方式

雖然題目將打擊結果分為 7 種，但可將其歸類為兩大類：出局及安打 (全壘打視為安打的一種)，首先處理出局的情況。

出局需處理的狀況較單純：一種是出局者達到題目要求的出局者人數時就結束程式，另一種是當出局者是 3 的倍數時就表示一局結束，所有在壘上的人都無效了，也就是清空 basevec 陣列。

```
if((strcmp(hit, "FO")==0) || (strcmp(hit, "SO")==0)
    || (strcmp(hit, "GO")==0)) {  // 打擊者出局
  out += 1;  // 出局人數加 1
  if(out == outn)  break;  // 達到設定出局人數就結束程式
  else if(out % 3 == 0)  // 出局人數為 3 的倍數表示該局結束
    basevec.clear();  // 清空壘上人員
  }
}
```

安打的處理方式

因為一壘安打、二壘安打、三壘安打及全壘打移動的壘數不同，所以將移動壘數功能建立 updatebase(n) 函式，n 為移動的壘數：updatebase(1) 為一壘安打、updatebase(2) 為二壘安打、updatebase(4) 為全壘打等。

首先安打會有一個人上壘，在 basevec 陣列最前方加入值為「0」的元素 (表示上壘，後面再依 n 的值移動 n 壘)。

```
basevec.insert(basevec.begin(), 0);
```

然後依照 n 參數將所有壘上的人向前移 n 壘 (即加上 n)：

```
for(int i=0; i<basevec.size(); i++)  basevec[i] += n;
```

最後檢查元素值達到 4 以上就表示得分，同時移除陣列元素。此處要特別注意：因為必須逐一處理所有陣列元素，同時可能移除元素，如果是由第 1 個元素向後處理，移除元素後會造成陣列長度減小，處理到後面元素時可能產生索引值超出範圍的錯誤，例如下面程式若 basevec 有 3 個元素，當 i=1 時刪除了 basevec[1]，當 i=2 時就會出現錯誤。

```
for(int i=0; i<basevec.size(); i++) {
  if(basevec[i] >= 4) {
     score += 1;
     basevec.erase(basevec.begin()+i);
  }
}
```

解決方法是由最後一個元素往前處理，這樣當移除後面元素時，不會影響前面元素的索引值，程式碼為：

```
for(int i=(basevec.size()-1); i>=0; i--) {
  if(basevec[i] >= 4) {
     score += 1;
     basevec.erase(basevec.begin()+i);
  }
}
```

4.3 參考解答程式碼

```
1 #include <iostream>
2 using namespace std;
3 #include <vector>
4 #include <string.h>
```

```
 6 vector <int> basevec;  //記錄幾壘有人
 7 int score = 0;  //得分
 8
 9 void updatebase(int n) {  //更新上壘情況,n為幾壘安打,全壘打n=4
10   basevec.insert(basevec.begin(), 0);  //增加一個上壘人數
11   for(int i=0; i<basevec.size(); i++)  basevec[i] += n;
      //每一個壘都前進n
12   for(int i=(basevec.size()-1); i>=0; i--) {  //因為要移除陣列
        元素,必須由最後元素向前處理才不會影響元素索引
13     if(basevec[i] >= 4) {  //壘數達到4表示回到本壘
14       score += 1;  //得分
15       basevec.erase(basevec.begin()+i);  //移除該上壘人
16     }
17   }
18 }
19
20 int main() {
21   int hitn[9];  //球員打擊數
22   int outn;  //到此出局人數就結束程式
23   char data[9][10][3];
24   for(int i=0; i<9; i++) {
25     printf("Input row %d data: ", i+1);  //輸入列資料
26     scanf("%d ", &hitn[i]);
27     for(int j=0; j<hitn[i]; j++) {
28       scanf("%s", data[i][j]);
29     }
30   }
31   printf("輸入第 10 列資料 (出局人數):");
32   scanf("%d", &outn);
33
34   int totalhit = 0;
35   for(int i=0; i<9; i++)  totalhit += hitn[i];  //總打擊數
36   int out = 0;  //出局人數
37   int count = 0;  //第幾個打擊數
38   while(count < totalhit) {  //逐一處理打擊
39      //計算陣列元素位置
40     int row = int(count / 9);
41     int col = count % 9;
42     char hit[3] = "";
43     strcat(hit, data[col][row]);  //打擊結果
44     if((strcmp(hit, "FO")==0) || (strcmp(hit, "SO")==0) ||
          (strcmp(hit, "GO")==0)) {  //打擊者出局
```

```
45         out += 1;  // 出局人數加 1
46         if(out == outn)  break;  // 達到設定出局人數就結束程式
47         else if(out % 3 == 0)  // 出局人數為 3 的倍數表示該局結束
48           basevec.clear();  // 清空壘上人員
49       }
50       else if(strcmp(hit, "1B")==0)  updatebase(1);  // 一壘安打
51       else if(strcmp(hit, "2B")==0)  updatebase(2);  // 二壘安打
52       else if(strcmp(hit, "3B")==0)  updatebase(3);  // 三壘安打
53       else if(strcmp(hit, "HR")==0)  updatebase(4);  // 全壘打
54       count++;  // 打擊數加 1
55     }
56
57     printf("%d\n", score);
58
59     return 0;
60 }
```

- 第 9-18 列建立 updatebase 函式：傳入移動壘數將壘上所有球員向前移動 n 壘：第 10 列在陣列最前方增加一個元素 (上壘球員)，11 列將所有壘上球員向前移動 n 壘，12 列以迴圈由陣列最一個元素向前處理，13 列若壘數大於等於 4 表示得分，14 列得分加 1，15 列移除得分球員。
- 第 24-30 列輸入資料。
- 第 34-35 列計算總打擊數。
- 第 38-55 列逐一處理打擊：40-41 列取得打擊在陣列的位置，42-43 列取得打擊結果。
- 第 44-49 列處理出局：45 列將出局人數加 1，46 列若出局人數達到題目要求的出局人數就結束程式，47-48 列若出局人數為 3 的倍數就清空上壘球員。
- 第 50-53 列處理安打及全壘打：50 列為一壘安打，51 列為二壘安打，52 列為三壘安打，53 列為全壘打。
- 第 54 列將打擊數加 1，57 列印出得分。

參考程式檔案

此處附上兩個參考程式檔：<10510_4 棒球遊戲 .cpp> 需自行輸入資料再執行，為方便使用者執行程式，<10510_4 棒球遊戲 _data.cpp> 已將資料建立完成，可直接執行。

106 年 03 月 觀念題

觀念題 - 第 01 題

(　　)給定一個 1x8 的陣列 A，A ={0, 2, 4, 6, 8, 10, 12, 14}。右側函式 Search(x) 真正目的是找到 A 之中大於 x 的最小值。然而，這個函式有誤。請問下列哪個函式呼叫可測出函式有誤？

(A) Search(-1)
(B) Search(0)
(C) Search(10)
(D) Search(16)

```
int A[8]={0, 2, 4, 6,
8, 10, 12, 14};

int Search (int x) {
  int high = 7;
  int low = 0;
  while (high > low) {
    int mid = (high + low)/2;
    if (A[mid] <= x) {
      low = mid + 1;
    }
    else {
      high = mid;
    }
  }
  return A[high];
}
```

解題說明

參考解答：D

這是二分搜尋法的應用：二分搜尋法的資料必須排序，題目中資料已由小到大排序。

二分搜尋法只會搜尋題目設定的資料範圍 (0 到 14)：

(A) Search(-1) = 0，0>-1，正確。

(B) Search(0) = 2，2>0，正確。

(C) Search(10) = 12，12>10，正確。

(D) Search(16) = 14，14<16，錯誤。

結論：x 要小於資料最大值 (14) 其結果才會正確。

觀念題 - 第 02 題

(　　)給定函式 A1()、A2() 與 F() 如下，以下敘述何者有誤？

```
void A1 (int n) {
  F(n/5);
  F(4*n/5);
}
```

```
void A2 (int n) {
  F(2*n/5);
  F(3*n/5);
}
```

```
void F (int x) {
  int i;
  for (i=0; i<x; i=i+1)
    printf("*");
  if (x>1) {
    F(x/2);
    F(x/2);
  }
}
```

(A) A1(5) 印的 '*' 個數比 A2(5) 多
(B) A1(13) 印的 '*' 個數比 A2(13) 多
(C) A2(14) 印的 '*' 個數比 A1(14) 多
(D) A2(15) 印的 '*' 個數比 A1(15) 多

解題說明

參考解答：D

F(1) 到 F(12) 在各選項會重複用到，所以先計算 F(1) 到 F(12) 印出星號的數目：

F(1)=1

F(2)=2+2*F(1)=4

F(3)=3+2*F(1)=5

F(4)=4+2*F(2)=12

F(5)=5+2*F(2)=13

F(6)=6+2*F(3)=16

F(7)=7+2*F(3)=17

F(8)=8+2*F(4)=32

F(9)=9+2*F(4)=33

F(10)=10+2*F(5)=36

F(11)=11+2*F(5)=37

F(12)=12+2*F(6)=44

再計算各選項印出星號數量：

(A) A1(5)=F(1)+F(4)=13

A2(5)=F(2)+F(3)=9，A1(5) > A2(5)，正確

(B) A1(13)=F(2)+F(10)=40

A2(13)=F(5)+F(7)=30，A1(13 > A2(13)，正確

(C) A1(14)=F(2)+F(11)=41

A2(14)=F(5)+F(8)=45，A2(14) > A1(14)，正確

(D) A1(15)=F(3)+F(12)=49

A2(15)=F(6)+F(9)=49，A1(15) = A2(15)，錯誤

觀念題 - 第 03 題

(　　)右側 F() 函式回傳運算式該如何寫，才會使得 F(14) 的回傳值為 40?

(A) n * F(n-1)
(B) n + F(n-3)
(C) n - F(n-2)
(D) F(3n+1)

```
int F (int n) {
  if (n < 4)
    return n;
  else
    return ___?___;
}
```

解題說明

參考解答：B

(A) 14*13*12*……*3 遠大於 40

(B) 14+11+8+5+2=40

(C) 14-12+10-8+6-4+2=8

(D) n 不斷變大，無法跳出遞迴。

觀念題 - 第 04 題

(　　)右側函式兩個回傳式分別該如何撰寫，才能正確計算並回傳兩參數 a, b 之最大公因數 (Greatest Common Divisor)？

(A) a, GCD(b,r)
(B) b, GCD(b,r)
(C) a, GCD(a,r)
(D) b, GCD(a,r)

```
int GCD (int a, int b) {
  int r;

  r = a % b;
  if (r == 0)
    return ____;
  return ____;
}
```

解題說明

參考解答：B

輾轉相除法求最大公因數： a/b 若整除，b 就是最大公因數；否則以 b 及餘數繼續。

「if (r == 0)」為真表示 a/b 整除，故傳回「b」就是最大公因數，否則以 b 及餘數 (r) 繼續，故傳回「GCD(b,r)」繼續執行。

觀念題 - 第 05 題

(　　)若 A 是一個可儲存 n 筆整數的陣列，且資料儲存於 A[0]~A[n-1]。經過右側程式碼運算後，以下何者敘述不一定正確？

(A)p 是 A 陣列資料中的最大值
(B)q 是 A 陣列資料中的最小值
(C)q < p
(D)A[0] <= p

```
int A[n]={ … };
int p = q = A[0];
for (int i=1; i<n; i=i+1) {
  if (A[i] > p)
    p = A[i];
  if (A[i] < q)
    q = A[i];
}
```

解題說明

參考解答：C

「if (A[i] > p)　p = A[i];」表示若元素值大於 p 就將其值交給 p，所以迴圈結束後 p 為陣列最大值：(A) 選項正確。

「if (A[i] < q)　q = A[i];」表示若元素值小於 q 就將其值交給 q，所以迴圈結束後 q 為陣列最小值：(B) 選項正確。

(C) 應為 q<=p (若所有元素值都相同時)。

(D) 正確 (若所有元素值都相同時 A[0] = p)。

觀念題 - 第 06 題

(　　) 若 A[][] 是一個 MxN 的整數陣列，右側程式片段用以計算 A 陣列每一列的總和，以下敘述何者正確？

(A) 第一列總和是正確，但其他列總和不一定正確
(B) 程式片段在執行時會產生錯誤 (run-time error)
(C) 程式片段中有語法上的錯誤
(D) 程式片段會完成執行並正確印出每一列的總和

```
void main () {
  int rowsum = 0;
  for (int i=0; i<M; i=i+1) {
    for (int j=0; j<N; j=j+1) {
      rowsum = rowsum + A[i][j];
    }
    printf("The sum of row %d
      is %d.\n", i, rowsum);
  }
}
```

解題說明

參考解答：A

(A) 第一列總和正確，其他列因 rowsum 未歸零而不一定正確。

(B) 程式片段在執行時不會產生錯誤，只是結果不正確。

(C) 程式片段中沒有語法上的錯誤，而邏輯錯誤。

正確程式為：

```
void main () {
  for (int i=0; i<M; i=i+1) {
    int rowsum = 0;
    for (int j=0; j<N; j=j+1) {
      rowsum = rowsum + A[i][j];
    }
    printf("The sum of row %d is %d.\n", i, rowsum);
  }
}
```

觀念題 - 第 07 題

(　　) 若以 B(5,2) 呼叫右側 B() 函式，總共會印出幾次 "base case"？

(A) 1
(B) 5
(C) 10
(D) 19

```
int B (int n, int k) {
  if (k == 0 || k == n){
    printf ("base case\n");
    return 1;
  }
  return B(n-1,k-1) + B(n-1,k);
}
```

解題說明

參考解答：C

當第 2 個參數為 0 或兩個參數相等時就印出「base case」一次。

B(5,2) = B(4,1) + B(4,2)
　　　= B(3,0) + B(3,1) + B(3,1) + B(3,2)

B(3,1) = B(2,0) + B(2,1)
　　　= 1 + B(1,0) + B(1,1) = 1 + 1 + 1 = 3 (次)

B(3,2) = B(2,1) + B(2,2)
　　　= B(1,0) + B(1,1) + 1 = 1 + 1 + 1 = 3 (次)

B(5,2) = B(3,0) + B(3,1) + B(3,1) + B(3,2)
　　　= 1 + 3 + 3 + 3 = 10 (次)

以圖形表示會更清楚 (底線部分表示印出「base case」一次，斜體部分表示已在左方推論過)：

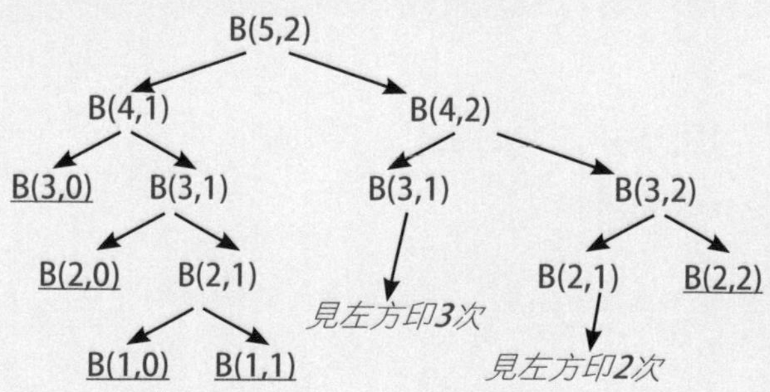

觀念題 - 第 08 題

(　　)給定右側程式，其中 s 有被宣告為全域變數，請問程式執行後輸出為何？

(A) 1,6,7,7,8,8,9
(B) 1,6,7,7,8,1,9
(C) 1,6,7,8,9,9,9
(D) 1,6,7,7,8,9,9

```
int s = 1; // 全域變數

void add (int a) {
  int s = 6;
  for( ; a>=0; a=a-1) {
    printf("%d,", s);
    s++;
    printf("%d,", s);
  }
}
int main () {
  printf("%d,", s);
  add(s);
  printf("%d,", s);
  s = 9;
  printf("%d", s);
  return 0;
}
```

解題說明

參考解答：B

本題測驗全域變數與區域變數觀念。

第 1 列「printf("%d,", s);」印出「1」。

第 2 列「add(s);」印出「6,7,7,8」。此時區域變數 s：s=8，全域變數 s 不變：s=1。

第 3 列「printf("%d,", s);」印出全域變數 s：「1」。

第 4 列改變全域變數 s 的值「9」。

第 5 列「printf("%d,", s);」印出全域變數 s：「9」。

觀念題 - 第 09 題

(　　) 右側 F() 函式執行時，若輸入依序為整數 0, 1, 2, 3, 4, 5, 6, 7, 8, 9，請問 X[] 陣列的元素值依順序為何？

(A) 0, 1, 2, 3, 4, 5, 6, 7, 8, 9
(B) 2, 0, 2, 0, 2, 0, 2, 0, 2, 0
(C) 9, 0, 1, 2, 3, 4, 5, 6, 7, 8
(D) 8, 9, 0, 1, 2, 3, 4, 5, 6, 7

```
void F () {
  int X[10] = {0};
  for (int i=0; i<10; i=i+1) {
    scanf("%d", &X[(i+2)%10]);
  }
}
```

解題說明

參考解答：D

i=0：(i+2)%10=2，即 X[2] = 0 (由此即可得到答案為 (D))。

其他依次為 i=1 時 X[3]=1，i=2 時 X[4]=2，……，i=7 時 X[9]=7，i=8 時 X[0]=8，i=9 時 X[1]=9。

觀念題 - 第 10 題

(　　) 若以 G(100) 呼叫右側函式後，n 的值為何？

(A) 25
(B) 75
(C) 150
(D) 250

```
int n = 0;

void K (int b) {
  n = n + 1;
  if (b % 4) K(b+1);
}
void G (int m) {
  for (int i=0; i<m; i=i+1) {
    K(i);
  }
}
```

解題說明

參考解答：D

K 函式執行結果：
參數 b=4 的倍數：遞迴執行 1 次就跳出，n 增加 1。
b=4 的倍數加 1：遞迴執行 4 次跳出，n 增加 4。
b=4 的倍數加 2：遞迴執行 3 次跳出，n 增加 3。
b=4 的倍數加 3：遞迴執行 2 次跳出，n 增加 2。

此每一個 0 到 3 的循環 (如 0 到 3、4 到 7 等)，n 增加 1+4+3+2=10。

本題執行 K(0) 到 K(99) 共 25 共 100/4=25 個循環，所以增加 10*25=250

觀念題 - 第 11 題

(　　) 若 A[1]、A[2]，和 A[3] 分別為陣列 A[] 的三個元素 (element)，下列那個程式片段可以將 A[1] 和 A[2] 的內容交換？

(A) A[1] = A[2]; A[2] = A[1];
(B) A[3] = A[1]; A[1] = A[2]; A[2] = A[3];
(C) A[2] = A[1]; A[3] = A[2]; A[1] = A[3];
(D) 以上皆可

解題說明

參考解答：B

(A) 執行後 A[1] 和 A[2] 內容都是 A[2] 的原始內容。

(C) 執行後 A[1]、A[2] 和 A[3] 內容都是 A[1] 的原始內容。

觀念題 - 第 12 題

(　　) 若函式 rand() 的回傳值為一介於 0 和 10000 之間的亂數，下列哪個運算式可產生介於 100 和 1000 之間的任意數 (包含 100 和 1000) ？

(A) rand() % 900 + 100
(B) rand() % 1000 + 1
(C) rand() % 899 + 101
(D) rand() % 901 + 100

解題說明

參考解答：D

(A) 執行後 A[1] 和 A[2] 內容都是 A[2] 的原始內容。

(C) 執行後 A[1]、A[2] 和 A[3] 內容都是 A[1] 的原始內容。

觀念題 - 第 13 題

(　　) 右側程式片段無法正確列印 20 次的 "Hi!"，請問下列哪一個修正方式仍無法正確列印 20 次的 "Hi!"？

```
for (int i=0; i<=100; i=i+5) {
  printf ("%s\n", "Hi!");
}
```

(A) 需要將 i<=100 和 i=i+5 分別修正為 i<20 和 i=i+1
(B) 需要將 i=0 修正為 i=5
(C) 需要將 i<=100 修正為 i<100;
(D) 需要將 i=0 和 i<=100 分別修正為 i=5 和 i<100

解題說明

參考解答：D

原始題目「for (int i=0; i<=100; i=i+5)」，i 為 0、5、10、……、100 共 21 次。

(A) i 為 0、1、2、……、19 共 20 次。

(B) i 為 5、10、……、100 共 20 次。

(C) i 為 0、5、10、……、95 共 20 次。

(D) i 為 5、10、……、95 共 19 次。

觀念題 - 第 14 題

(　　) 若以 F(15) 呼叫右側 F() 函式，總共會印出幾行數字？

(A) 16 行
(B) 22 行
(C) 11 行
(D) 15 行

```
void F (int n) {
  printf ("%d\n" , n);
  if ((n%2 == 1) && (n > 1)){
    return F(5*n+1);
  }
  else {
    if (n%2 == 0)
      return F(n/2);
  }
}
```

解題說明

參考解答：D

遞迴跳出的條件：必須下面兩種情況都不符合。
1.「if ((n%2 == 1) && (n > 1))」：n 為大於 1 的奇數。
2.「else {　if (n%2 == 0)」不符條件 1 的偶數。
兩者都不成立的情況：當 n 為小於等於 1 的奇數時跳出遞迴。
F(15) 印出 15，返回 F(76)。
F(76) 印出 76，返回 F(38)。
依此類推：印出 38 19 96 48 24 12 6 3 16 8 4 2。
F(2) 印出 2，返回 F(1)
F(1) 印出 1，因為 1 符合小於等於 1 的奇數，所以遞迴跳出。
印出的數為：15 76 38 19 96 48 24 12 6 3 16 8 4 2 1 共 15 個。

觀念題 - 第 15 題

(　　) 給定右側函式 F()，執行 F() 時哪一行程式碼可能永遠不會被執行到？

(A) a = a + 5;
(B) a = a + 2;
(C) a = 5;
(D) 每一行都執行得到

```
void F (int a) {
  while (a < 10)
    a = a + 5;
  if (a < 12)
    a = a + 2;
  if (a <= 11)
    a = 5;
}
```

解題說明

參考解答：C

執行完「while (a < 10) a = a + 5;」迴圈後，a 的值必然大於等於 10。

a 的值必然大於等於 10 後若再符合「if (a < 12)」只有「10」或「11」，其執行「a = a + 2;」後的值為「12」或「13」。

「12」或「13」都不符合「if (a <= 11)」條件，所以「a = 5;」永遠不會被執行到。

觀念題 - 第 16 題

(　　) 給定右側函式 F()，已知 F(7) 回傳值為 17，且 F(8) 回傳值為 25，請問 if 的條件判斷式應為何？

(A) a % 2 != 1
(B) a * 2 > 16
(C) a + 3 < 12
(D) a * a < 50

```
int F (int a) {
  if ( ___?___)
    return a * 2 + 3;
  else
    return a * 3 + 1;
}
```

解題說明

參考解答：D

題目是 F(7) 執行「a * 2 + 3;」，即「a=7」表示條件成立；F(8) 執行「a * 3 + 1;」，即「a=8」表示條件不成立。

(A)「a=7」不成立而「a=8」成立，應為「a % 2 == 1」。
(B) 兩者都不成立 (7 * 2 < 16、8 * 2 = 16)。
(C) 兩者都成立 (7 + 3 < 12、8 + 3 < 12)。
(D) 正確 (7 * 7 < 50、8 * 8 > 50)。

觀念題 - 第 17 題

(　　) 給定右側函式 F()，F() 執行完所回傳的 x 值為何？

(A) $n(n+1)\sqrt{\lfloor \log_2 n \rfloor}$
(B) $n^2(n+1)/2$
(C) $n(n+1)[\log_2 n + 1]/2$
(D) n(n+1)/2

```
int F (int n) {
  int x = 0;
  for (int i=1; i<=n; i=i+1)
    for (int j=i; j<=n; j=j+1)
      for (int k=1; k<=n; k=k*2)
        x = x + 1;
  return x;
}
```

解題說明

參考解答：C

前兩個迴圈 (i 及 j) 執行次數：

i=1 時，j = 1, 2, ……, n，共執行 n 次。

i=2 時，j = 2, ……, n，共執行 (n-1) 次。

………

i=n 時，j = n，共執行 1 次。

前兩個迴圈執行 n+(n-1)+(n-2)+……+2+1 = n(n+1)/2

第三個迴圈 (k) 執行次數：$\log_2(n)+1$。以 n=8 為例：

第 1 次迴圈：k = 1。

第 2 次迴圈：k = 1 * 2 = 2。

第 3 次迴圈：k = 2 * 2 = 4。

第 4 次迴圈：k = 4 * 2 = 8，迴圈結束。

執行次數：$\log_2(8) + 1 = 3 + 1 = 4$。

所以解答為：$n(n+1)/2*(\log_2(n)+1) = n(n+1)[\log_2 n + 1]/2$

觀念題 - 第 18 題

(　　) 右側程式執行完畢後所輸出值為何？

(A) 12
(B) 24
(C) 16
(D) 20

```
int main() {
  int x = 0, n = 5;
  for (int i=1; i<=n; i=i+1)
    for (int j=1; j<=n; j=j+1) {
      if ((i+j)==2)
        x = x + 2;
      if ((i+j)==3)
        x = x + 3;
      if ((i+j)==4)
        x = x + 4;
    }
  printf ("%d\n", x);
  return 0;
}
```

解題說明

參考解答：D

i=1 時： j=1 符合條件「if ((i+j)==2)」，X = 0 + 2 = 2。
j=2 符合條件「if ((i+j)==3)」，X = 2 + 3 = 5。
j=3 符合條件「if ((i+j)==4)」，X = 5 + 4 = 9。

i=2 時： j=1 符合條件「if ((i+j)==3)」，X = 9 + 3 = 12。
j=2 符合條件「if ((i+j)==4)」，X = 12 + 4 = 16。

i=3 時： j=1 符合條件「if ((i+j)==4)」，X = 16 + 4 = 20。

觀念題 - 第 19 題

(　　) 右側程式擬找出陣列 A[] 中的最大值和最小值。不過，這段程式碼有誤，請問 A[] 初始值如何設定就可以測出程式有誤？

(A) {90, 80, 100}
(B) {80, 90, 100}
(C) {100, 90, 80}
(D) {90, 100, 80}

```
int main () {
  int M = -1, N = 101, s = 3;
  int A[] = ___?___;

  for (int i=0; i<s; i=i+1) {
    if (A[i]>M) {
      M = A[i];
    }
    else if (A[i]<N) {
      N = A[i];
    }
  }
  printf("M = %d, N = %d\n", M, N);
  return 0;
}
```

解題說明

參考解答：B

(A) 第一次迴圈 i=0，:「90 > -1」執行「M = A[i];」，結果 M = 90。
第二次迴圈 i=1，:「80 < 90 且 80 < 101」執行「N = A[i];」，結果 N = 80。
第三次迴圈 i=3，:「100 > 90」執行「M = A[i];」，結果 M = 100。
結果正確。(C) 及 (D) 以相同方式自行推論。

(B) 第一次迴圈 i=0，:「80 > -1」執行「M = A[i];」，結果 M = 80。
第二次迴圈 i=1，:「90 > 80」執行「M = A[i];」，結果 M = 90。
第三次迴圈 i=3，:「100 > 90」執行「M = A[i];」，結果 M = 100。
結果錯誤：M = 100，N = 101，原因是「N = A[i];」沒有執行到。
此處正確程式應把「else if (A[i]<N)」的 else 移除。

觀念題 - 第 20 題

(　　) 小藍寫了一段複雜的程式碼想考考你是否了解函式的執行流程。請回答程式最後輸出的數值為何？

(A) 70
(B) 80
(C) 100
(D) 190

```
int g1 = 30, g2 = 20;

int f1(int v) {
  int g1 = 10;
  return g1+v;
}

int f2(int v) {
  int c = g2;
  v = v+c+g1;
  g1 = 10;
  c = 40;
  return v;
}

int main() {
  g2 = 0;
  g2 = f1(g2);
  printf("%d", f2(f2(g2)));
  return 0;
}
```

解題說明

參考解答：A

本題測驗全域變數與區域變數： f1 函式中的 g1 為區域變數，f2 函式中的 g1 為全域變數。

第 2 列「g2 = f1(g2);」：g2 = 10 + 0 = 10 (g1 使用區域變數值 10)。

第 3 列中的 f2(g2) 傳回值為 10+10+30=50 (g1 使用全域變數值 30)，同時 g1 全域變數值變為 10。
第 3 列中的 f2(f2(g2)) 為 f2(50) = 50+10+10=70。

觀念題 - 第 21 題

(　　) 若以 F(5,2) 呼叫右側 F() 函式，執行完畢後回傳值為何？

(A) 1
(B) 3
(C) 5
(D) 8

```
int F (int x,int y) {
  if (x<1)
    return 1;
  else
    return F(x-y,y)+F(x-2*y,y);
}
```

解題說明

參考解答：C

此遞迴是當第一個參數 x 小於 1 時就傳回 1。

F(5,2) = F(3,2) + F(1,2)
　　　= F(1,2) + F(-1,2) + F(1,2)

F(1,2) = F(-1,2) + F(-3,2)
　　　= 1 + 1 = 2

F(5,2) = F(1,2) + F(-1,2) + F(1,2)
　　　= 2 + 1 + 2 = 5

以圖形表示會更清楚 (底線部分表示傳回 1)：

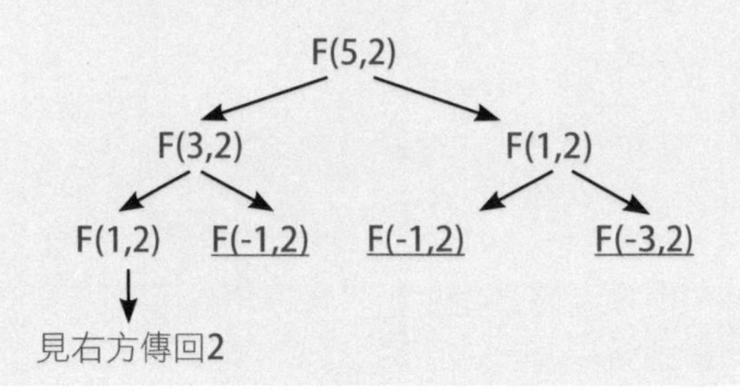

觀念題 - 第 22 題

(　　) 若要邏輯判斷式 !(X_1 || X_2) 計算結果為真 (True)，則 X_1 與 X_2 的值分別應為何？

(A) X_1 為 False，X_2 為 False
(B) X_1 為 True，X_2 為 True
(C) X_1 為 True，X_2 為 False
(D) X_1 為 False，X_2 為 True

解題說明

參考解答：A

「!(X_1 || X_2)」為 True，表示「(X_1 || X_2)」為 False，所以 X_1 及 X_2 皆為 False。

觀念題 - 第 23 題

(　　) 程式執行時，程式中的變數值是存放在

(A) 記憶體
(B) 硬碟
(C) 輸出入裝置
(D) 匯流排

解題說明

參考解答：A

觀念題 - 第 24 題

(　　) 程式執行過程中，若變數發生溢位情形，其主要原因為何？

(A) 以有限數目的位元儲存變數值
(B) 電壓不穩定
(C) 作業系統與程式不甚相容
(D) 變數過多導致編譯器無法完全處理

解題說明

參考解答：A

觀念題 - 第 25 題

(　　) 若 a, b, c, d, e 均為整數變數，下列哪個算式計算結果與 a+b*c-e 計算結果相同？

(A) (((a+b)*c)-e)
(B) ((a+b)*(c-e))
(C) ((a+(b*c))-e)
(D) (a+((b*c)-e))

解題說明

參考解答：C

106年03月 實作題

實作題 第 1 題：秘密差

1.1 原始題目

問題描述

將一個十進位正整數的奇數位數的和稱為 A，偶數位數的和稱為 B，則 A 與 B 的絕對差值 |A − B| 稱為這個正整數的秘密差。

例如：263541 的奇數位數的和 A = 6+5+1 = 12，偶數位數的和 B = 2+3+4 = 9，所以 263541 的秘密差是 |12 − 9|= 3。

給定一個十進位正整數 X，請找出 X 的秘密差。

輸入格式

輸入為一行含有一個十進位表示法的正整數 X，之後是一個換行字元。

輸出格式

請輸出 X 的秘密差 Y(以十進位表示法輸出)，以換行字元結尾。

範例一：輸入

263541

範例一：正確輸出

3
（說明）263541 的 A = 6+5+1 = 12，B = 2+3+4 = 9，|A − B|= |12 − 9|= 3。

範例二：輸入

131

範例二：正確輸出

1
（說明）131 的 A = 1+1 = 2，B = 3，|A − B|= |2 − 3|= 1。

評分說明

輸入包含若干筆測試資料，每一筆測試資料的執行時間限制 (time limit) 均為 1 秒，依正確通過測資筆數給分。其中：
第 1 子題組 20 分：X 一定恰好四位數。
第 2 子題組 30 分：X 的位數不超過 9。
第 3 子題組 50 分：X 的位數不超過 1000。

1.2 解題技巧

取得數字字元的數值

使用者輸入的是字串，即使輸入的都是數字，得到的仍是字串。

輸入的字串其實是字元組成的陣列，因此可以用取出陣列元素的方式取得字串中的字元。例如 str1 字串的值為 "1234567"，則 str1[0]="1"，str1[1]="2"，依此類推。

本題是要取得奇數位數字及偶數位數字的總和，不能以字元相加，必須以數值相加，因此要先將數字字元轉換為數值，其方法為：

```
數字字元 - '0';
```

例如將字元「'3'」轉為數值「3」：

```
'3' - '0';
```

原理：字元相減時是以其 ASCII 碼運算，「'3' - '0'」實際是「51 - 48」，因此會得到數值「3」。

取得奇數位及偶數位字元

從題意 131 中 A=1+1、B=3 可看出，真正的奇數位元是「個、百、萬…」等位元，偶數位元為「十、千…」等位元。簡單的說，只要先判斷輸入位元的個數，如果輸入位元的個數是偶數則第一個字元起就是偶、奇，而如果輸入位元的個數是奇數則第一個字元起就奇、偶。(<10603_1 祕密差完整 .cpp>)

```
if (strlen(X) % 2==0) {    // 輸入位元的個數是偶數
  for(int i=0; i<strlen(X); i++){ // 逐位處理
    if((i%2)==0)  even += (X[i]-'0');  // 取得偶數數位數字加總
    else  odd += (X[i]-'0');  // 取得奇數位數字加總
  }
}
else{ // 輸入位元的個數是奇數
  for(int i=0; i<strlen(X); i++) { // 逐位處理
    if((i%2)==0)  odd += (X[i]-'0');  // 取得奇數數位數字加總
    else  even += (X[i]-'0');  // 取得偶數位數字加總
  }
}
```

但本題若將奇數字元與偶數字元混淆並不影響執行結果，因此可採用下列較簡略的方法判斷奇、偶數。

奇數與偶數的區分方法為偶數除以 2 的餘數為 0，而奇數除以 2 的餘數不為 0。逐一取得 str1 字元，若位數除以 2 的餘數為 0 就是偶數位，餘數為 1 就是奇數位，程式為：

```
for(int i=0; i<strlen(str1); i++){
  if((i%2)==0)  str1[i] 為偶數字元
  else  str1[i] 為奇數字元
}
```

1.3 參考解答程式碼

```
 1 #include <iostream>
 2 using namespace std;
 3 #include <string.h>
 4 #include <stdlib.h>
 5 
 6 int main() {
 7   char X[1000];
 8   printf(" 輸入正整數：");
 9   scanf("%s", X);
10 
11   int odd = 0, even=0;
12   for(int i=0; i<strlen(X); i++){ // 逐位處理
13     if((i%2)==0)  even += (X[i]-'0');  // 取得偶數位數字加總
14     else  odd += (X[i]-'0');  // 取得奇數位數字加總
15   }
16   printf("%d\n", abs(odd-even));
17 
18   return 0;
19 }
```

- 第 7-9 列輸入資料。
- 第 12 列逐一取出字元，13 列為偶數位數字加總，14 列為奇數位數字加總。
- 第 16 列，計算奇數位及偶數位數字總和的差，再取差的絕對值。

實作題 第 2 題：小群體

1.1 原始題目

問題描述

Q 同學正在學習程式，P 老師出了以下的題目讓他練習。

一群人在一起時經常會形成一個一個的小群體。假設有 N 個人，編號由 0 到 N-1，每個人都寫下他最好朋友的編號（最好朋友有可能是他自己的編號，如果他自己沒有其他好友），在本題中，每個人的好友編號絕對不會重複，也就是說 0 到 N-1 每個數字都恰好出現一次。

這種好友的關係會形成一些小群體。例如 N=10，好友編號如下，

	0	1	2	3	4	5	6	7	8	9
好友編號	4	7	2	9	6	0	8	1	5	3

0 的好友是 4，4 的好友是 6，6 的好友是 8，8 的好友是 5，5 的好友是 0，所以 0、4、6、8、和 5 就形成了一個小群體。另外，1 的好友是 7 而且 7 的好友是 1，所以 1 和 7 形成另一個小群體，同理，3 和 9 是一個小群體，而 2 的好友是自己，因此他自己是一個小群體。總而言之，在這個例子裡有 4 個小群體：{0,4,6,8,5}、{1,7}、{3,9}、{2}。本題的問題是：輸入每個人的好友編號，計算出總共有幾個小群體。

Q 同學想了想卻不知如何下手，和藹可親的 P 老師於是給了他以下的提示：如果你從任何一人 x 開始，追蹤他的好友，好友的好友，….，這樣一直下去，一定會形成一個圈回到 x，這就是一個小群體。如果我們追蹤的過程中把追蹤過的加以標記，很容易知道哪些人已經追蹤過，因此，當一個小群體找到之後，我們再從任何一個還未追蹤過的開始繼續找下一個小群體，直到所有的人都追蹤完畢。

Q 同學聽完之後很順利的完成了作業。

在本題中，你的任務與 Q 同學一樣:給定一群人的好友，請計算出小群體個數。

輸入格式

第一行是一個正整數 N，說明團體中人數。

第二行依序是 0 的好友編號、1 的好友編號、……、N-1 的好友編號。共有 N 個數字，包含 0 到 N-1 的每個數字恰好出現一次，數字間會有一個空白隔開。

輸出格式

請輸出小群體的個數。不要有任何多餘的字或空白，並以換行字元結尾。

範例一：輸入

```
10
4 7 2 9 6 0 8 1 5 3
```

範例一：正確輸出

```
4
```

（說明）4 個小群體是 {0,4,6,8,5}, {1,7}, {3,9} 和 {2}。

範例二：輸入

```
3
0 2 1
```

範例二：正確輸出

```
2
```

（說明）2 個小群體分別是 {0},{1,2}。

評分說明

輸入包含若干筆測試資料，每一筆測試資料的執行時間限制 (time limit) 均為 1 秒，依正確通過測資筆數給分。其中：

第 1 子題組 20 分，1 . N . 100，每一個小群體不超過 2 人。

第 2 子題組 30 分，1 . N . 1,000，無其他限制。

第 3 子題組 50 分，1,001 . N . 50,000，無其他限制。

1.2 解題技巧

建立變數

friends 陣列儲存朋友編號：

自己編號	0	1	2	3	4	5	6	7	8	9
friends	4	7	2	9	6	0	8	1	5	3

範例一中 friends 的值為「{4, 7, 2, 9, 6, 0, 8, 1, 5, 3}」。

used 陣列儲存人員編號是否已處理過，初始值為全部元素值皆是 false，範例一的初始值為「used = {false, false, false, false, false, false, false, false, false, false}」。

依序尋找小群體

從「0 號人員」開始，如果該人員未處理過，依序以 group() 自訂函式尋找小群體，並將小群體的數量要加 1，程式碼為：

```
for(int i=0; i<N; i++) {
  if(used[i]==false) {   // 該人未處理過才尋找小群體
    group(friends,used,i); // 尋找小群體
    ans += 1;
  }
}
```

尋找小群體

遞迴函式從編號 current 人員開始尋找，依序尋找朋友的朋友，如果循環回到自己時，這些朋友就成為一個小群體，程式碼為：

```
int group(int *data,bool *used,int current){ // 尋找小群體
  if(used[current]==true) return 0;
    // 該 人處理過表示達到循環，結束該小群體尋找
  else{ //該人未處理過
    used[current] = true; // 設定該人已處理過
    group(data,used,data[current]); // 繼續尋找同一小群體
  }
}
```

group() 函式接收 3 個參數，data 陣列是好朋友編號、used 陣列是否已處理過、current 是開始尋找的編號，其中 *data 和 *used 參數是使用傳址呼叫。

以範例一「0 號人員」為例：i 的值為 0，進入 group 函式時 current 為 0，因為 used[0]=false 表示 0 號人員尚未處理，因此就設 used[0]=true 並以 group(data,used,data[0]) 繼續尋找 0 號人員的朋友也就是 4 號；因為 used[4]=false 表示 4 號人員尚未處理，因此就設 used[4]=true 並以 group(data,used,data[4]) 繼續尋找 4 號人員的朋友也就是 6 號，依此類推，5 號會找到它的朋友 0 號，此時因為 used[0]=true 因此就以 retrun 0 結束該小群體尋找。

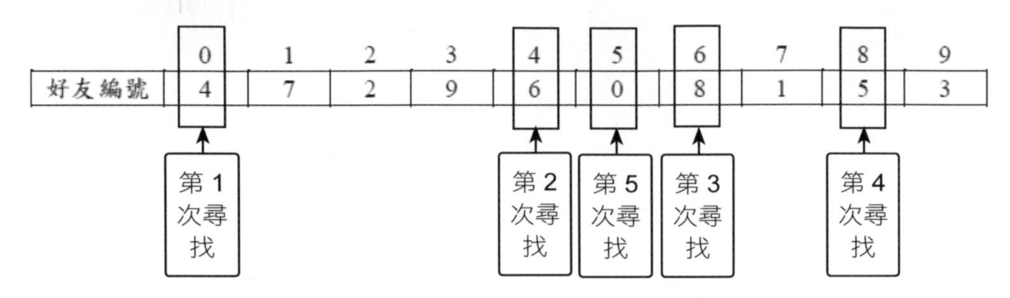

1.3 參考解答程式碼

```
1    #include <iostream>
2    using namespace std;
3
4    int group(int *data,bool *used,int current){ // 尋找小群體
5        if(used[current]==true) return 0;
          // 該人處理過表示達到循環，結束該小群體尋找
6        else{ //該人未處理過
7          used[current] = true; // 設定該人已處理過
8          group(data,used,data[current]); // 繼續尋找同一小群體
9        }
10   }
11
12   int main() {
13       int N;
14       printf("Input number of person: ");  // 輸入人數
15       scanf("%d", &N);
16       int friends[N];  // 存好友編號
17       printf("Input order of friends: ");  // 輸入好友編號順序
18       for(int i=0; i<N; i++) {
19         scanf("%d", &friends[i]);
20       }
21
```

```
22      bool used[N] = {false};
         // 存該人是否已處理 ,false 表示未處理
23      int ans = 0;  // 解答 : 小群體數
24      for(int i=0; i<N; i++) {
25        if(used[i]==false) {  // 該人未處理過才尋找小群體
26          group(friends,used,i); // 尋找小群體
27          ans += 1;
28        }
29      }
30
31      printf("%d\n", ans);
32
33      return 0;
34  }
```

- 第 4-10 列尋找相同的小群體，第 7 列將該人員設為已處理過，第 8 列以遞迴方式繼續尋找相同的小群體，直到第 5 列循環回到自己才結束遞迴，此時這些人員就是一個小群體。
- 第 13-20 列輸入資料。
- 第 22-23 列建立變數及初始化資料。
- 第 27 列將小群體數量加 1。
- 第 31 列印出解答：小群體數量。

實作題 第 3 題：數字龍捲風

3.1 原始題目

問題描述

給定一個 N*N 的二維陣列，其中 N 是奇數，我們可以從正中間的位置開始，以順時針旋轉的方式走訪每個陣列元素恰好一次。對於給定的陣列內容與起始方向，請輸出走訪順序之內容。下面的例子顯示了 N=5 且第一步往左的走訪順序：

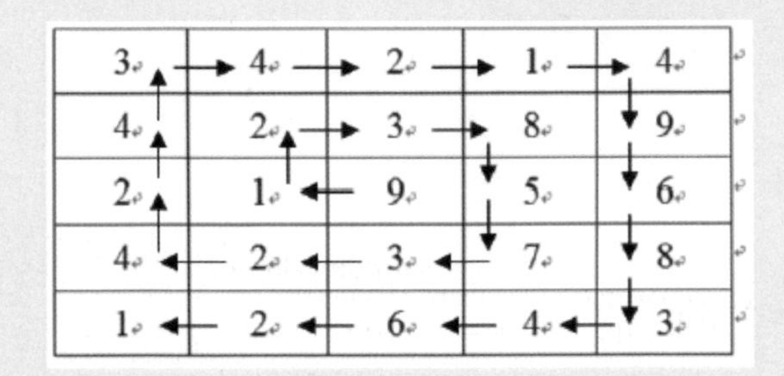

依此順序輸出陣列內容則可以得到「9123857324243421496834621」。

類似地，如果是第一步向上，則走訪順序如下：

3	4	2	1	4
4	2	3	8	9
2	1	9	5	6
4	2	3	7	8
1	2	6	4	3

依此順序輸出陣列內容則可以得到「9385732124214968346214243」。

輸入格式

輸入第一行是整數 N，N 為奇數且不小於 3。第二行是一個 0~3 的整數代表起始方向，其中 0 代表左、1 代表上、2 代表右、3 代表下。第三行開始 N 行是陣列內容，順序是由上而下，由左至右，陣列的內容為 0~9 的整數，同一行數字中間以一個空白間隔。

輸出格式

請輸出走訪順序的陣列內容，該答案會是一連串的數字，數字之間**不要輸出空白**，結尾有換行符號。

範例一：輸入

```
5
0
3 4 2 1 4
4 2 3 8 9
2 1 9 5 6
4 2 3 7 8
1 2 6 4 3
```

範例一：正確輸出

```
9123857324243421496834621
```

範例二：輸入

```
3
1
4 1 2
3 0 5
6 7 8
```

範例二：正確輸出

```
012587634
```

評分說明

輸入包含若干筆測試資料，每一筆測試資料的執行時間限制 (time limit) 均為 1 秒，依正確通過測資筆數給分。其中：

第 1 子題組 20 分，3 . N . 5，且起始方向均為向左。

第 2 子題組 80 分，3 . N . 49，起始方向無限定。

提示

本題有多種處理方式，其中之一是觀察每次轉向與走的步數。例如，起始方向是向左時，前幾步的走法是：左 1、上 1、右 2、下 2、左 3、上 3、……一直到出界為止。

3.2 解題技巧

建立變數

direction 儲存移動的方向，注意本題是以順時鐘方向移動，所以要設定為「0-左、1-上、2-右、3-下」，如此只要每次將 direction 變數值加 1，就會順時鐘方向移動。(若是逆時鐘方向移動，則設為 0-左、1-下、2-右、3-上)

data 二維陣列是儲存使用者輸入的各列資料：例如 data[0][1] 為第 1 列第 2 欄的資料。範例一的 data 資料為：

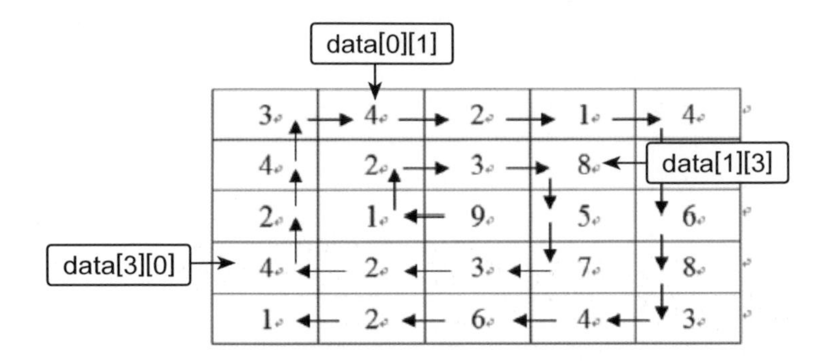

used 陣列儲存資料是否已處理過，初始值為全部元素值皆是 false，範例一的初始值為「used = {{false, false, false, false, false}, {false, false, false, false, false}, {false, false, false, false, false}, {false, false, false, false, false}, {false, false, false, false, false}}」。

row 及 col 是儲存移動方向的列、欄改變量：row = {0, -1, 0, 1}、col = {-1, 0, 1, 0}。例如 direction 為 0 時是向左移動，其列改變量為 row[0]=0，即列不改變；欄改變量為 col[0]=-1，即欄的索引值會減少 1。其他方向請自行推論。

rowcurr、colcurr 儲存目前處理資料的列、欄索引，dirnext 儲存下一個方向，通常 dirnext 的值會是「direction + 1」。

rowprev、colprev、dirprev 分別儲存上一個列、欄索引及移動方向值。為什麼要儲存上一個列、欄索引及移動方向值呢？因為我們處理完一個資料後就會將方向改為下一個資料及方向繼續處理，當發現下一個資料已處理過的話，必須退回上一個資料位置及方向，以上一個方向來處理資料。以範例一為例：當處理完下圖「3」資料後就將方向改為向下，同時將資料移到「9」；然後發現「9」已處理過，因此要將資料退回「3」，方向也要回到「向右」(前一個方向)繼續處理。

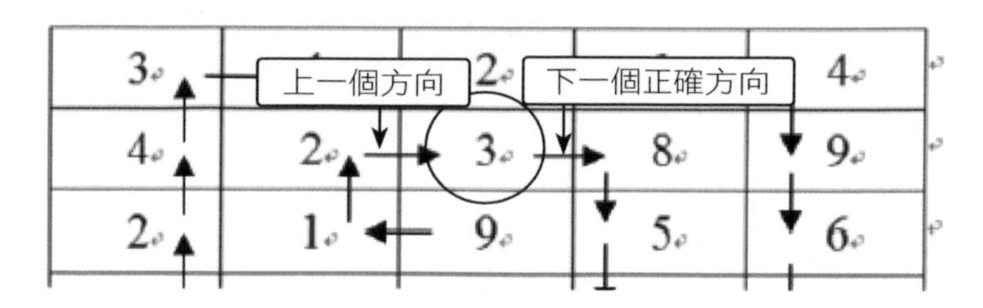

下一個資料未處理時

處理完一個資料後，就移到下一個資料，程式碼為：

```
rowcurr += row[direction];
colcurr += col[direction];
```

若是下一個資料尚未處理，就改為下一個方向並將資料設為已處理即可。

```
if(used[rowcurr][colcurr]==false) {
    dirnext = direction + 1;
    if(dirnext>3)  dirnext = 0;
    used[rowcurr][colcurr] = true;
}
```

下一個資料已處理時

若是下一個資料已處理，就必須退回上一個資料及方向來處理下一個資料，程式碼為：

```
rowcurr += row[direction];
colcurr += col[direction];
if(used[rowcurr][colcurr]==true) {
    direction = dirprev;  # 回到上一個方向
    rowcurr = rowprev + row[direction];  # 回到上一個位置
    colcurr = colprev +col[direction];
    dirnext = direction + 1;
    if(dirnext>3)  dirnext = 0;
    used[rowcurr][colcurr] = true;
}
```

3.3 參考解答程式碼

```
 1 #include <iostream>
 2 using namespace std;
 3
 4 int main() {
 5   int N, direction;
 6   printf(" 輸入大於等於 3 的奇數：");
 7   scanf("%d", &N);
 8   printf(" 輸入方向 (0- 左、1- 上、2- 右、3- 下 )：");
 9   scanf("%d", &direction);
10   char data[N][N];  // 存數字資料
11   bool used[N][N] = {false};  // 資料是否已處理
12   int tem;
13   for(int i=0; i<N; i++) {  // 輸入每列資料
14     printf(" 輸入第 %d 列資料：", i+1);
15     for(int j=0; j<N; j++) {
16       scanf("%d", &tem);
17       data[i][j] = tem+'0';  // 轉為字元
18     }
19   }
20
21   char ans[N*N+2] = "";  //ans 為解答字串
22   int count = 0;  // 存已處理資料數量
23   //col 及 row 組合成方向，例如向左為 col=-1,row=0
24   int col[] = {-1, 0, 1, 0};
25   int row[] = {0, -1, 0, 1};
26   // 處理第一個資料
27   int rowcurr = int(N/2);  // 開始在正中央
28   int colcurr = int(N/2);
29   ans[count] = data[rowcurr][colcurr];  // 加入正中央字元
30   count++;
31   used[rowcurr][colcurr] = true;  // 處理過就設為 true
32   // 處理第二個資料，此資料必然尚未處理
33   int dirnext = direction + 1;  // 順時針轉就是上右下左
34   if(dirnext>3)  dirnext = 0;  // 若大於 3 就回到 0
35   rowcurr += row[direction];  // 計算位置
36   colcurr += col[direction];
37   ans[count] = data[rowcurr][colcurr];
38   count++;
```

```
39    used[rowcurr][colcurr] = true;
40
41    int dirprev = 0, rowprev = 0, colprev =0;
      //記錄前次的方向及位置
42    direction = dirnext;  //將處理位置設為目前位置
43    for(int i=2; i<N*N; i++) {  //由第三個資料開始處理
44      rowcurr += row[direction];
45      colcurr += col[direction];
46      if(used[rowcurr][colcurr]==false) {
         //如果此資料未處理過就將方向加1
47          dirnext = direction + 1;
48          if(dirnext>3)  dirnext = 0;
49      }
50      else  {  //如果此資料已處理過
51          direction = dirprev;  //回到上一個方向
52          rowcurr = rowprev + row[direction];  //回到上一個位置
53          colcurr = colprev + col[direction];
54          dirnext = direction + 1;
55          if(dirnext>3)  dirnext = 0;
56      }
57      ans[count] = data[rowcurr][colcurr];
58       count++;
59      used[rowcurr][colcurr] = true;
60      dirprev = direction;  //記錄前次的方向
61      rowprev = rowcurr;  //記錄前次的位置
62      colprev = colcurr;
63      direction = dirnext;  //將下一個方向設為目前方向
64    }
65
66    for (int i=0;i<count;i++) printf("%c", ans[i]);
67    printf("\n");
68
69    return 0;
70 }
```

- 第 5-19 列輸入資料。
- 第 24 列建立欄移動改變量陣列，25 列建立列移動改變量陣列
- 第 27-31 列處理第一個資料，也就是正中央的資料。

- 第 33-39 列處理第二個資料，此資料必然尚未處理：移動到下一個方向及資料，設定本資料為已處理。
- 第 33 列設定現在方向為下一個方向以便處理下一筆資料。
- 第 41-64 列，由第 3 筆資料開始逐筆處理:44-45 列移動到新資料位置，46-49 列若資料尚未處理就將移動方向改為下一個方向，50-56 列若資料已處理過就退回上一個資料位置及方向。
- 第 57-58 列將資料加入答案並將記數器加 1，59 列設定本資料為已處理，60-62 列記錄前次的位置及方向，63 列將下一個方向設為目前方向。

參考程式檔案

此處附上兩個參考程式檔：<10603_3 數字龍捲風 .cpp> 需自行輸入資料再執行，為方便使用者執行程式，<10603_3 數字龍捲風 _data.cpp> 已將資料建立完成，可直接執行。

實作題 第 4 題：基地台

4.1 原始題目

問題描述

為因應資訊化與數位化的發展趨勢，某市長想要在城市的一些服務點上提供無線網路服務，因此他委託電信公司架設無線基地台。某電信公司負責其中 N 個服務點，這 N 個服務點位在一條筆直的大道上，它們的位置（座標）係以與該大道一端的距離 P[i] 來表示，其中 i=0~N-1。由於設備訂製與維護的因素，每個基地台的服務範圍必須都一樣，當基地台架設後，與此基地台距離不超過 R（稱為基地台的半徑）的服務點都可以使用無線網路服務，也就是說每一個基地台可以服務的範圍是 D=2R(稱為基地台的直徑)。現在電信公司想要計算，如果要架設 K 個基地台，那麼基地台的最小直徑是多少才能使每個服務點都可以得到服務。

基地台架設的地點不一定要在服務點上，最佳的架設地點也不唯一，但本題只需要求最小直徑即可。以下是一個 N=5 的例子，五個服務點的座標分別是 1、2、5、7、8。

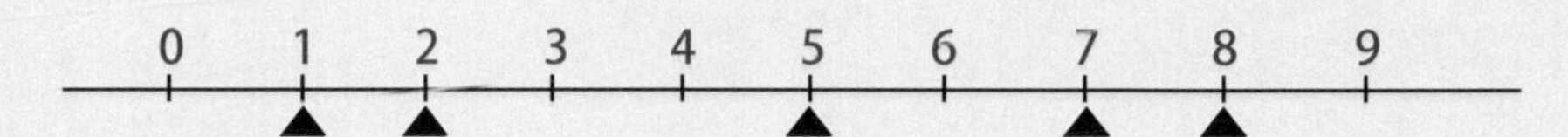

假設 K=1，最小的直徑是 7，基地台架設在座標 4.5 的位置，所有點與基地台的距離都在半徑 3.5 以內。假設 K=2，最小的直徑是 3，一個基地台服務座標 1 與 2 的點，另一個基地台服務另外三點。在 K=3 時，直徑只要 1 就足夠了。

輸入格式

輸入有兩行。第一行是兩個正整數 N 與 K，以一個空白間格。第二行 N 個非負整數 P[0]，P[1]，….，P[N-1] 表示 N 個服務點的位置，這些位置彼此之間以一個空白間格。請注意，這 N 個位置並不保證相異也未經過排序。本題中，K<N 且所有座標是整數，因此，所求最小直徑必然是不小於 1 的整數。

輸出格式

輸出最小直徑，不要有任何多餘的字或空白並以換行結尾。

範例一：輸入

```
5 2
5 1 2 8 7
```

範例一：正確輸出

```
3
```

範例二：輸入

```
5 1
7 5 1 2 8
```

範例二：正確輸出

```
7
```

評分說明

輸入包含若干筆測試資料，每一筆測試資料的執行時間限制 (time limit) 均為 2 秒，依正確通過測資筆數給分。其中：

第 1 子題組 10 分，座標範圍不超過 100，1 ≦ K ≦ 2，K < N ≦ 10。

第 2 子題組 20 分，座標範圍不超過 1,000，1 ≦ K < N ≦ 100。

第 3 子題組 20 分，座標範圍不超過 1,000,000,000，1 ≦ K < N ≦ 500。

第 4 子題組 50 分，座標範圍不超過 1,000,000,000，1 ≦ K < N ≦ 50,000。

4.2 解題技巧

二分搜尋法

本題當座標範圍較大時，必須以二分搜尋法才能加快搜尋速度。

二分搜尋法的原理與猜「終極密碼」的流程十分類似，就是那個 1~99 要你猜數字的遊戲：為了快點猜到，第一個數字會喊 50，為什麼呢？因為無論數字是小於或是大於 50，剩下的數字一定會砍一半，變成原本的 1/2；每猜一次就能這樣砍對半，大概猜個七八次，就能「保證」一定猜得到。

實作二分搜尋法的方法：

1. 決定好最小值 min，最大值 max
2. 取 M = (min+max)/2，作為中間值 (二分)
3. 如果 M = 要找的數，M 即為解答
4. 如果 M > 要找的數，表示解答在較小數這一半，所以讓 max = M；如果 M < 要找的數，表示解答在較大數這一半，所以讓 min = M。
5. 重複步驟 2-4，當「min>=max」的時候，就結束程式。

建立二分搜尋法判斷函式

使用二分搜尋法時最困難的是判斷答案是在哪一邊。以「終極密碼」遊戲為例，就是解答在較大或較小的那一邊，該遊戲是二分搜尋法最簡單的應用，因為電腦直接告訴遊戲者在哪一邊，不需自行撰寫判斷程式。

本題的判斷程式為：

```
1 bool searchBase(int x) {  // 尋找 x 是否符合解答條件
2   int nextval =0,  count = 0, i = 0;
3   while(i<N) {  // 逐一尋找服務點
4     nextval = location[i] + x;  // 基地台下一個涵蓋範圍
5     count++;  // 需要的基地台
6     if(count>K)  return false;  // 若基地台數量大於 K 表示不符合
        解答條件，傳回 false
7     if((location[N-1]<=nextval) and (count<=K)) return true;
        // 若涵蓋範圍包含全部表示符合解答條件，傳回 true
8     i++;
9     while(location[i]<=nextval)  i++;
        // 跳到下一個未涵蓋的服務點
10  }
11 }
```

全域變數 N 為服務點數量，K 為基地台數量，location 陣列儲存服務點位置。

- 第 1 列傳入的參數 x 為基地台的直徑，此函式目的是判斷 x 是否符合解答條件。
- 第 2 列 nextval 為基地台的涵蓋範圍，count 為基地台數量，i 是服務點編號。
- 第 3 列以迴圈逐一尋找服務點是否在基地台的涵蓋範圍內。
- 第 4 列計算 nextval 的值，以範例一為例：若 x=2，i=0 時，location[0]=1，其涵蓋範圍為「1+2=3」，可以涵蓋服務點 1 及 2。

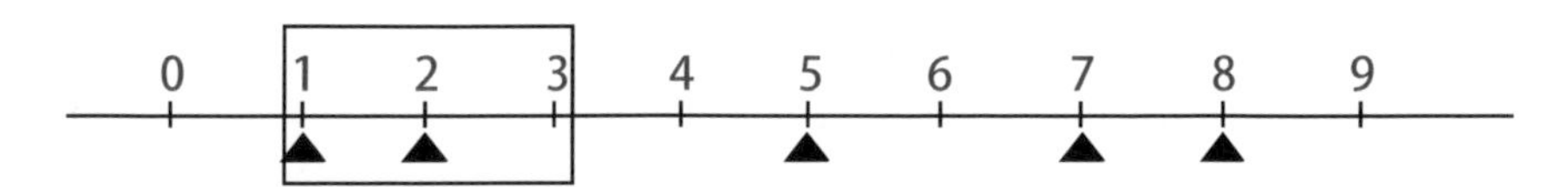

第 5 列增加 1 個基地台。

第 6 列如果基地台數量大於題目設定的基地台，表示題目設定的基地台無法涵蓋所有服務點，也就是參數 x 的直徑太小，就傳回 false。主程式中取得 false 時，就知 x 值太小，需加大直徑值。

- 第 7 列如果 nextval 值大於最後服務點，表示可以涵蓋所有服務點，也就是參數 x 的直徑符合需求，就傳回 true。因本題的解答是「最小」直徑，此直徑不一定是最小直徑，所以主程式中取得 true 時，會減小直徑值再傳入本函式。
- 第 8-10 列檢查涵蓋的服務點，由未涵蓋的服務點繼續執行迴圈，這樣可加快執行速度。例如上圖中涵蓋了服務點 1 及 2，下次迴圈就由服務點 3 繼續 (i=2)。

二分搜尋法主程式

本題所有數值都是整數，計算中間值時使用整數可加快執行速度。

```
int medium = int((minimun + maximum) / 2);
```

使用整數的二分搜尋法要特別注意：若解答落在較大數部分時，需使用：

```
minimun = medium + 1;
```

而不是「minimun = medium」。因為當 minimun 與 maximum 相差 1 時，minimun 與 medium 的值相同，若使用「minimun = medium」將使程式變成無窮迴圈。

4.3 參考解答程式碼

```
 1 def searchBase(x):  # 尋找 x 是否符合解答條件
 1 #include <iostream>
 2 using namespace std;
 3 #include <algorithm>
 4 
 5 int N, K;  //N: 服務點數目 , K: 基地台數目
 6 int location[50000];  // 服務點資料
 7 
 8 bool searchBase(int x) {  // 尋找 x 是否符合解答條件
 9   int nextval =0,  count = 0, i = 0;
10   while(i<N) {  // 逐一尋找服務點
11     nextval = location[i] + x;  // 基地台下一個涵蓋範圍
12     count++;  // 需要的基地台
13     if(count>K)  return false;  // 若基地台數量大於 K 表示不符合
          解答條件 , 傳回 false
14     if((location[N-1]<=nextval) and (count<=K))  return true;
          // 若涵蓋範圍包含全部表示符合解答條件 , 傳回 true
15     i++;
```

```
16      while(location[i]<=nextval)  i++;  //跳到下一個未涵蓋的服務點
17    }
18 }
19
20 int main() {
21   printf("輸入服務點及基地台數 (以空隔分開):");
22   scanf("%d %d", &N, &K);
23   printf("輸入服務點位置:");
24   for(int i=0; i<N; i++)  scanf("%d", &location[i]);
25
26   sort(location, location+N);  //由小到大排序
27   int minimun = 1;  //最小值從1開始
28   int maximum = int((location[N-1]-location[0])/K) + 1;
       //最大可能答案
29   while(minimun <= maximum) {
30     int medium = int((minimun + maximum) / 2);  //二分搜尋法
31     if(searchBase(medium))  maximum = medium;  //傳回true
         表示medium符合條件,將最大值縮小
32     else  minimun = medium + 1;
          //傳回false表示medium符合條件,將最小值放大
33     if(minimun == maximum)  break;
        //當最大值與最小值相同時即為解答
34   }
35
36   printf("%d\n", maximum);
37
38   return 0;
39 }
```

- 第 5-6 列 建立變數:N 為服務點數量,K 為基地台數量,location 陣列儲存服務點位置。
- 第 8-18 列建立二分搜尋法判斷函式。
- 第 21-24 列輸入資料。
- 第 26 列,輸入的服務點位置並未排序,此列進行由小到大遞增排序。
- 第 27 列設定最小可能直徑為 1。

- 第 28 列建立最大可能直徑。「location[N-1]-location[0]」為服務點最大距離，除以 K 個基地台再取整數，因為 int 是去除小數部分，所以要加 1。例如範例一的 maximum=int((8-1)/2)+1=4
- 第 29-34 列以二分搜尋法取得最小直徑：30 列取整數中間值，31 列判斷函式傳回 true 表示符合條件應減小參數值，故設定「maximum = medium」;32 列判斷函式傳回 false 表示參數值太小，故設定「minimun = medium + 1」。33 列當 medium 等於 maximum 時，表示二分搜尋法結束。

106 年 10 月
實作題

實作題 第 1 題：邏輯運算子 (Logic Operators)

1.1 原始題目

問題描述

小蘇最近在學三種邏輯運算子 AND、OR 和 XOR。 這三種運算子都是二元運算子，也就是說在運算時需要兩個運算元，例如 a AND b。對於整數 a 與 b，以下三個二元運算子的運算結果定義如下列三個表格：

a AND b

	b為0	b不為0
a為0	0	0
a不為0	0	1

a OR b

	b為0	b不為0
a為0	0	1
a不為0	1	1

a XOR b

	b為0	b不為0
a為0	0	1
a不為0	1	0

舉例來說：

(1) 0 AND 0 的結果為 0，0 OR 0 以及 0 XOR 0 的結果也為 0。

(2) 0 AND 3 的結果為 0，0 OR 3 以及 0 XOR 3 的結果則為 1。

(3) 4 AND 9 的結果為 1，4 OR 9 的結果也為 1，但 4 XOR 9 的結果為 0。

請撰寫一個程式，讀入 a、b 以及邏輯運算的結果，輸出可能的邏輯運算為何。

輸入格式

輸入只有一行，共三個整數值，整數間以一個空白隔開。第一個整數代表 a，第二個整數代表 b，這兩數均為非負的整數。第三個整數代表邏輯運算的結果，只會是 0 或 1。

輸出格式

輸出可能得到指定結果的運算，若有多個，輸出順序為 AND、OR、XOR，每個可能的運算單獨輸出一行，每行結尾皆有換行。若不可能得到指定結果，輸出 IMPOSSIBLE。(注意輸出時所有英文字母均為大寫字母。)

範例一：輸入

```
0 0 0
```

範例一：正確輸出

```
AND
OR
XOR
```

範例二：輸入

```
1 1 1
```

範例二：正確輸出

```
AND
OR
```

範例三：輸入

```
3 0 1
```

範例三：正確輸出

```
OR
XOR
```

範例四：輸入

```
0 0 1
```

範例四：正確輸出

```
IMPOSSIBLE
```

評分說明

輸入包含若干筆測試資料，每一筆測試資料的執行時間限制 (time limit) 均為 1 秒，依正確通過測資筆數給分。其中：

第 1 子題組 80 分，a 和 b 的值只會是 0 或 1。

第 2 子題組 20 分，0 ≤ a, b < 10,000。

1.2 解題技巧

「XOR」運算子為「^」。

「&」、「|」及「^」運算子都是針對位元做運算，而輸入的 a、b 可能大於 1，會造成錯誤結果，因此若 a、b 大於 1 時，必須將其值設定為 1 才能得到正確結果。

```
if(a>0)  a = 1;
if(b>0)  b = 1;
```

1.3 參考解答程式碼

```
 1 #include <iostream>
 2 using namespace std;
 3 #include <string.h>
 4
 5 int main() {
 6   int a, b, c;
 7   printf("輸入三個整數，數值以空白分開：");
 8   scanf("%d %d %d", &a, &b, &c);
 9
10   char ans[20] = "";
11   if(a>0)  a = 1;
12   if(b>0)  b = 1;
13   if((a&b)==c)  strcat(ans, "AND\n");
14   if((a|b)==c)  strcat(ans, "OR\n");
15   if((a^b)==c)  strcat(ans, "XOR\n");  //^ 為位元 XOR,
      在 0 與 1 的 XOR 運算是正確的
16   if(strlen(ans)==0)  strcat(ans, "IMPOSSIBLE\n");
      // 前面都不成立時為 IMPOSSIBLE
17
18   printf("%s", ans);
19
20   return 0;
21 }
```

- 第 6-8 列輸入資料。
- 第 10 列設解答 ans 為空字串。
- 第 11-12 列，若 a、b 的值大於 1 ，將其值設定為 1。
- 第 13-15 列，若 &、|、^ 運算的結果正確，就將 AND、OR、XOR 加入解答中。第 16 列，如果三者都不正確，此時解答 ans 仍為空字串，表示答案為「IMPOSSIBLE」。
- 第 18 列印出結果。

實作題 第 2 題：交錯字串 (Alternating Strings)

2.1 原始題目

問題描述

一個字串如果全由大寫英文字母組成，我們稱為大寫字串；如果全由小寫字母組成則稱為小寫字串。字串的長度是它所包含字母的個數，在本題中，字串均由大小寫英文字母組成。假設 k 是一個自然數，一個字串被稱為「k- 交錯字串」，如果它是由長度為 k 的大寫字串與長度為 k 的小寫字串交錯串接組成。

舉例來說，「StRiNg」是一個 1- 交錯字串，因為它是一個大寫一個小寫交替出現；而「heLLow」是一個 2- 交錯字串，因為它是兩個小寫接兩個大寫再接兩個小寫。但不管 k 是多少，「aBBaaa」、「BaBaBB」、「aaaAAbbCCCC」都不是 k- 交錯字串。

本題的目標是對於給定 k 值，在一個輸入字串找出最長一段連續子字串滿足 k- 交錯字串的要求。例如 k=2 且輸入「aBBaaa」，最長的 k- 交錯字串是「BBaa」，長度為 4。又如 k=1 且輸入「BaBaBB」，最長的 k- 交錯字串是「BaBaB」，長度為 5。

請注意，滿足條件的子字串可能只包含一段小寫或大寫字母而無交替，如範例二。此外，也可能不存在滿足條件的子字串，如範例四。

輸入格式

輸入的第一行是 k，第二行是輸入字串，字串長度至少為 1，只由大小寫英文字母組成 (A~Z, a~z) 並且沒有空白。

輸出格式

輸出輸入字串中滿足 k- 交錯字串的要求的最長一段連續子字串的長度，以換行結尾。

範例一：輸入

```
1
aBBdaaa
```

範例一：正確輸出

```
2
```

範例二：輸入

```
3
DDaasAAbbCC
```

範例二：正確輸出

```
3
```

範例三：輸入

```
2
aafAXbbCDCCC
```

範例三：正確輸出

```
8
```

範例四：輸入

```
3
DDaaAAbbCC
```

範例四：正確輸出

```
0
```

評分說明

輸入包含若干筆測試資料，每一筆測試資料的執行時間限制 (time limit) 均為 1 秒，依正確通過測資筆數給分。其中：

第 1 子題組 20 分，字串長度不超過 20 且 $k=1$。

第 2 子題組 30 分，字串長度不超過 100 且 $k \leq 2$。

第 3 子題組 50 分，字串長度不超過 100,000 且無其他限制。

提示

根據定義，要找的答案是大寫片段與小寫片段交錯串接而成。本題有多種解法的思考方式，其中一種是從左往右掃描輸入字串，我們需要紀錄的狀態包含：目前是在小寫子字串中還是大寫子字串中，以及在目前大（小）寫子字串的第幾個位置。根據下一個字母的大小寫，我們需要更新狀態並且記錄以此位置為結尾的最長交替字串長度。

另外一種思考是先掃描一遍字串，找出每一個連續大（小）寫片段的長度並將其記錄在一個陣列，然後針對這個陣列來找出答案。

2.2 解題技巧

建立變數

prev 儲存前一個字母是大寫或小寫。

contUpper 儲存目前連續大寫字母長度，contLower 儲存目前連續小寫字母長度，用來判斷是否達到交錯標準。

lenCross 儲存目前連續交錯字母長度，lenFinal 為最長連續交錯字母長度，即為本題的解答。

處理第 1 個字母

開始處理第 1 個字母時沒有前 1 個字母，所以要單獨處理。以第 1 個字母為大寫為例：設前一字母為大寫，連續大寫字母為 1。

```
prev = 'u';
contUpper = 1;
```

如果交錯要求 (k) 為 1 就符合交錯要求，設連續交錯字母及最長連續交錯字母長度為 k。

```
lenCross = k;
lenFinal = k;
```

目前為大寫字母且前一字母也是大寫字母

第 2 個以後字母處理方式有 4 種：目前為大寫字母且前一字母也是大寫字母、目前為小寫字母且前一字母也是小寫字母、目前為大寫字母且前一字母是小寫字母、目前為小寫字母且前一字母是大寫字母。

以目前為大寫字母且前一字母也是大寫字母為例：

將連續大寫字母 (contUpper) 加 1，將連續小寫字母 (contLower) 歸零。

```
contUpper += 1;
contLower = 0;
```

檢查連續大寫字母 (contUpper) 是否等於題目的交錯要求 (k)：若等於，就將連續交錯字母 (lenCross) 加上 k，同時比較 lenCross 及 lenFinal，將 lenFinal 設為兩者的較大值。記住：lenFinal 永遠都是 lenCross 及 lenFinal 的較大值。

```
if(contUpper==k) {
  lenCross += k;
  lenFinal = max(lenCross, lenFinal);
}
```

檢查連續大寫字母 (contUpper) 是否大於題目的交錯要求 (k)：若大於，就將連續交錯字母 (lenCross) 等於 k，即超過的長度不計算。例如字串為「GOOde」時，若 k=2，「GOO」的 lenCross 只能設為「2」。

```
if(contUpper>k)  lenCross = k;
```

目前為小寫字母且前一字母也是小寫字母的情況，處理方式與前述雷同。

目前為大寫字母且前一字母為小寫字母

此種情形是小寫字母轉變為大寫字母的情況。首先檢查連續小寫字母 (contLower) 是否達到交錯要求 (k)：若未達到，就將連續交錯字母 (lenCross) 歸零，重新計算。例如字串為「goDEF」時，若 k=3，「go」的 lenCross 未達到「3」，處理「D」時需將 lenCross 歸零，重新計算。

```
if(contLower<k)  lenCross = 0;
```

接著將連續大寫字母 (contUpper) 設為 1，將連續小寫字母 (contLower) 歸零。

```
contUpper = 1;
contLower = 0;
```

再檢查如果交錯要求 (k) 為 1 就符合條件，將連續交錯字母 (lenCross) 加上 k，同時將 lenFinal 設為 lenCross 及 lenFinal 兩者的較大值。

目前為小寫字母且前一字母為大寫字母的情況，處理方式與前述雷同。

2.3 參考解答程式碼

```
1 #include <iostream>
2 using namespace std;
3 #include <string.h>
4
5 int main() {
6   int k;
7   char s[100000];
8   printf("輸入 k 值(整數)：");
9   scanf("%d", &k);
```

```
10    printf(" 輸入字串：");
11    scanf("%s", s);
12
13    int contUpper = 0, contLower = 0;  // 連續大、小寫字元數量
14    int lenCross = 0, lenFinal = 0;  // 目前交錯長度及最終答案
15    char prev;  // 前一字元是大寫或小寫
16    // 處理第一個字元
17    if(isupper(s[0])) {  // 大寫字母
18      prev = 'u';  // 設定前一字元為大寫
19      contUpper = 1;  // 連續大寫為 1
20      if(k==1) {  // 若 k=1 就有連續字元
21        lenCross = k;
22        lenFinal = k;
23      }
24    }
25    else {  // 小寫字母
26      prev = 'l';  // 設定前一字元為小寫
27      contLower = 1;  // 連續小寫為 1
28      if(k==1) {
29        lenCross = k;
30        lenFinal = k;
31      }
32    }
33
34    // 處理第 2 個以後的字元
35    for(int i=1; i<strlen(s); i++) {
36      if(isupper(s[i]) && prev=='u') {
          // 此字元為大寫且前字元也是大寫
37        contUpper += 1;  // 連續大寫加 1
38        contLower = 0;  // 連續小寫為 0
39        if(contUpper==k) {  // 連續大寫符合條件
40          lenCross += k;  // 目前交錯長度加 k
41          lenFinal = max(lenCross, lenFinal);  // 取目前
            交錯長度及最終答案較大值
42        }
43        if(contUpper>k)  lenCross = k;  //連續大寫超過k, 超過部分不算
44      }
45      else if(islower(s[i]) && prev=='l') { //此字元為小寫且前字元也是小寫
46        contLower += 1;
47        contUpper = 0;
```

```
48        if(contLower==k) {
49          lenCross += k;
50          lenFinal = max(lenCross, lenFinal);
51        }
52        if(contLower>k)  lenCross = k;
53      }
54      else if(isupper(s[i]) && prev=='l') { // 此字元為大寫且前字元為小寫
55        if(contLower<k)  lenCross = 0;
            // 轉換大小寫時若未達連續小寫條件，連續小寫歸零重新計算
56          contUpper = 1;  // 連續大寫為1
57        contLower = 0;  // 連續小寫為0
58        if(k==1) {  // 若 k=1 就符合條件
59          lenCross += k;  // 目前交錯長度加 k
60          lenFinal = max(lenCross, lenFinal);
61        }
62        prev = 'u';  // 設定前一字元為大寫
63      }
64      else if(islower(s[i]) && prev=='u') {
            // 此字元為小寫且前字元為大寫
65        if(contUpper<k)  lenCross = 0;
66        contLower = 1;
67        contUpper = 0;
68        if(k==1) {
69          lenCross += k;
70          lenFinal = max(lenCross, lenFinal);
71        }
72        prev = 'l';
73      }
74    }
75    printf("%d\n", lenFinal);
76
77    return 0;
78 }
```

- 第 6-11 列輸入資料。
- 第 13-15 列建立變數。
- 第 17-32 列，處理第 1 個字元。17-24 列是第 1 個字母為大寫：18-19 列設前一字母為大寫，連續大寫字母為 1。20-23 列檢查如果交錯要求 (k)

為 1 就設連續交錯字母及最長連續交錯字母長度為 1。25-32 列是第 1 個字母為小寫，處理方式與 17-24 列雷同。

- 第 35-74 列，處理第 2 個以後的字元。
- 第 36-44 列，處理目前為大寫字母且前一字母也是大寫字母的情況。37-38 列將連續大寫字母 (contUpper) 加 1，將連續小寫字母 (contLower) 歸零。39 列檢查連續大寫字母 (contUpper) 是否等於題目的交錯要求 (k)。若等於，40 列將連續交錯字母 (lenCross) 加上 k，41 列將 lenFinal 設為兩者的較大值。42 列檢查連續大寫字母 (contUpper) 是否大於題目的交錯要求 (k)，若大於，就將連續交錯字母 (lenCross) 設於 k，即超過的長度不計算。
- 第 45-53 列，處理目前為小寫字母且前一字母也是小寫字母的情況。處理方式與 36-44 列雷同。
- 第 54-63 列，處理目前為大寫字母且前一字母為小寫字母：這是小寫字母轉變為大寫字母的情況。55 列檢查連續小寫字母 (contLower) 是否達到交錯要求 (k)：若未達到，就將連續交錯字母 (lenCross) 歸零，重新計算。56 列設定連續大寫字母 (contUpper) 為 1，57 列將連續小寫字母 (contLower) 歸零。58 列檢查交錯要求 (k) 為 1 就在 59 列將連續交錯字母 (lenCross) 加上 k，60 列將 lenFinal 設為 lenCross 及 lenFinal 兩者的較大值。62 列設定前一字母為大寫字母。
- 第 64-73 列，處理目前為小寫字母且前一字母為大寫字母的情況。處理方式與 54-63 列雷同。
- 75 列印出解答。

實作題 第 3 題：樹狀圖分析 (Tree Analyses)

3.1 原始題目

問題描述

本題是關於有根樹 (rooted tree)。在一棵 n 個節點的有根樹中，每個節點都是以 1~n 的不同數字來編號，描述一棵有根樹必須定義節點與節點之間的親子關係。一棵有根樹恰有一個節點沒有父節點 (parent)，此節點被稱為根節點 (root)，除了根節點以外的每一個節點都恰有一個父節點，而每個節點被稱為是它父節點的子節點 (child)，有些節點沒有子節點，這些節點稱為葉節點 (leaf)。在當有根樹只有一個節點時，這個節點既是根節點同時也是葉節點。

在圖形表示上，我們將父節點畫在子節點之上，中間畫一條邊 (edge) 連結。例如，圖一中表示的是一棵 9 個節點的有根樹，其中，節點 1 為節點 6 的父節點，而節點 6 為節點 1 的子節點；又 5、3 與 8 都是 2 的子節點。節點 4 沒有父節點，所以節點 4 是根節點；而 6、9、3 與 8 都是葉節點。

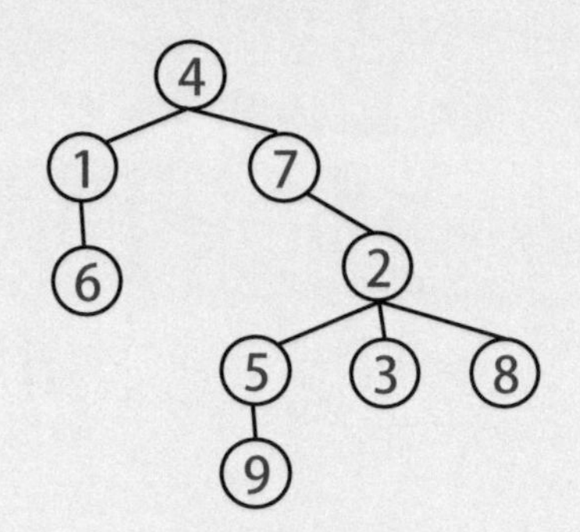

樹狀圖中的兩個節點 u 和 v 之間的距離 d(u,v) 定義為兩節點之間邊的數量。如圖一中，d(7, 5) = 2，而 d(1, 2) = 3。對於樹狀圖中的節點 v，我們以 h(v) 代表節點 v 的高度，其定義是節點 v 和節點 v 下面最遠的葉節點之間的距離，而葉節點的高度定義為 0。如圖一中，節點 6 的高度為 0，節點 2 的高度為 2，而節點 4 的高度為 4。此外，我們定義 H(T) 為 T 中所有節點的高度總和，也就是說 H(T) = Σv　T h(v)。給定一個樹狀圖 T，請找出 T 的根節點以及高度總和 H(T)。

輸入格式

第一行有一個正整數 n 代表樹狀圖的節點個數，節點的編號為 1 到 n。接下來有 n 行，第 i 行的第一個數字 k 代表節點 i 有 k 個子節點，第 i 行接下來的 k 個數字就是這些子節點的編號。每一行的相鄰數字間以空白隔開。

輸出格式

輸出兩行各含一個整數，第一行是根節點的編號，第二行是 H(T)。

範例一：輸入

```
7
0
2 6 7
2 1 4
0
2 3 2
0
0
```

範例一：正確輸出

```
5
4
```

範例二：輸入

```
9
1 6
3 5 3 8
0
2 1 7
1 9
0
1 2
0
0
```

範例二：正確輸出

```
4
11
```

評分說明

輸入包含若干筆測試資料，每一筆測試資料的執行時間限制 (time limit) 均為 1 秒，依正確通過測資筆數給分。測資範圍如下，其中 k 是每個節點的子節點數量上限：

第 1 子題組 10 分，$1 \le n \le 4$, $k \le 3$, 除了根節點之外都是葉節點。

第 2 子題組 30 分，$1 \le n \le 1{,}000$, $k \le 3$。

第 3 子題組 30 分，$1 \le n \le 100{,}000$, $k \le 3$。

第 4 子題組 30 分，$1 \le n \le 100{,}000$, k 無限制。

提示

輸入的資料是給每個節點的子節點有哪些或沒有子節點，因此，可以根據定義找出根節點。關於節點高度的計算，我們根據定義可以找出以下遞迴關係式：(1) 葉節點的高度為 0；(2) 如果 v 不是葉節點，則 v 的高度是它所有子節點的最大高度加一。也就是說，假設 v 的子節點有 a, b 與 c，則 h(v)=max{ h(a), h(b), h(c) }+1。以遞迴方式可以計算出所有節點的高度。

3.2 解題技巧

題目資料結構

本題說明皆以下面樹狀圖為範例：

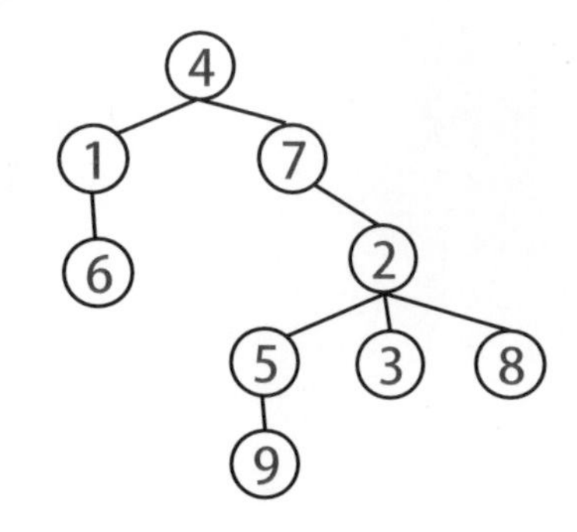

首先將輸入的 9 筆資料儲存為二維陣列：

```
int data[9][100] = {{1, 1, 6}, {2, 3, 5, 3, 8}, {3, 0},
  {4, 2, 1, 7}, {5, 1, 9}, {6, 0},
  {7, 1, 2}, {8, 0}, {9, 0}};
```

每筆資料的第 1 個數值為節點編號，第 2 個數值為節點數量，第 3 個以後數值為子節點編號。例如 data[0] 的值為「{1, 1, 6}」，表示 1 號節點有 1 個子節點，子節點的編號為 6。data[1] 的值為「{2, 3, 5, 3, 8}」，表示 2 號節點有 3 個子節點，子節點的編號為 5、3、8。data[2] 的值為「{3, 0}」，表示 3 號節點沒有子節點，即 3 號節點是葉節點。

每筆資料的第 1 個數值為節點編號，原始輸入的資料並沒有此資料，自行加入此資料可讓樹狀圖更容易理解。

建立變數

max_hi 儲存目前最高的節點編號，heightotal=0 儲存所有節點最大高度總和，root 儲存根節點編號，n 儲存節點數，區域變數 height 和 hi 記錄目前最大的高度，index 記錄該節點的索引值。

依序計算各個子節點的最大高度

以節點編號 i 由 1 開始，依序計算各個節點的最大高度，自訂程序 h(data,i) 可以計算該節點的最大高度，並傳回給 hi，再以 heightotal 累計各個節點的最大高度。

```
int heightotal=0; // 所有節點最大高度總和
for (int i=1;i<=n;i++){  // 依序計算每一節點的最大高度
   int hi=h(data,i);    // 子節點的最大高度
```

```
    printf("the height of nod %d=%d\n",i,hi); // 第幾個節點、最大高度
    heightotal+=hi; // 累計所有節點的最大高度
}
```

記錄根節點編號

max_hi=0 記錄目前最大高度，開始時預設為 0，如果「hi>max_hi」表示節點的最大高度 > 目前最大高度，就將 max_hi 設為目前最大高度，同時以「root=i」設定將該節點編號設為根節點編號。

```
int max_hi=0; // 目前最大高度
for (int i=1;i<=n;i++){// 依序計算每一節點的最大高度
    int hi=h(data,i);     // 節點的最大高度
    if (hi>max_hi){       // 如果該節點高度 > max_hi(目前最大高度)
        max_hi=hi;        // 將 hi 設為目前最大高度
        root=i;           // 將該節點編號設為根節點編號
    }
    printf("the height of nod %d=%d\n",i,hi); // 第幾個節點、最大高度
    heightotal+=hi; // 累計所有節點的最大高度
}
```

計算高度

本題的計算最大高度方式是以遞迴程式處理，父節點的高度為子節點加 1：葉節點的高度為 0，其父節點的高度為 1，依此類推。例如下圖 9 號節點的高度為 0，5 號節點的高度為 1，2 號節點的高度為 2，7 號節點的高度為 3，4 號節點的高度為 4。

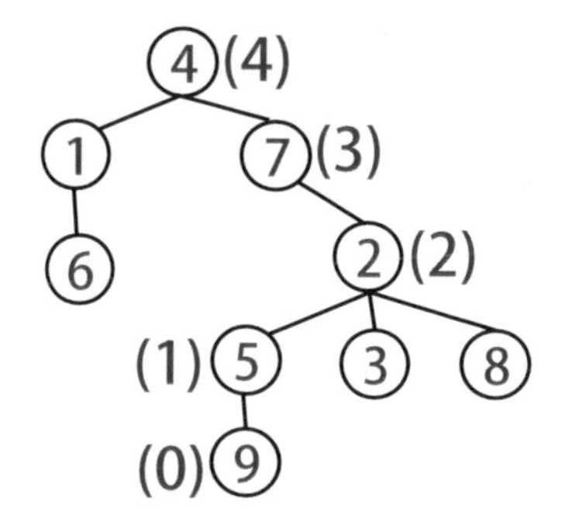

自訂程序 hi(int data[100000][100],int node) 是一個遞迴程式，接收兩個參數，二維陣列 data 是輸入的資料，node 是節點編號，為了方便讀取陣列資料，以「index=node-1」將節點編號轉為索引值。

```
int temp=h(data,data[index][i])+1;
```

首先以 data[index][1]==0 判斷每筆資料中的第二筆資料是不是葉節點，如果是葉節點就結束遞迴，並傳回 0，否則就依序找出該節點中所有子節點的高度，然後設 height 為該節點中所有子節點最大的高度。

例如：data[0]={1, 1, 6}，表示 1 號節點 (編號為 1，索引 index=0) 有 1 個子節點，它不是葉節點，以「for(int i=2;i<=data[0][1]+1;i++)」依序處理該節點中每一個子節點 (注意：索引由 2 ~ data[0][1]+1)，並以「temp=h(data,data[index][i])+1」取得所有子節點的高度，然後以「height = max(temp,height);」取得子節點中最大子節點的高度。

```
for(int i=2;i<=data[node][1]+1;i++){ // 依序處理每一子節點
   int temp=h(data,data[node][i])+1; // 取得子節點的高度
   height = max(temp,height); //height 為子節點最大的高度
}
return height; // 傳回子節點最大的高度
```

例如：data[2]={3, 0} 表示 3 號節點 (編號為 1，索引 index=2) 有 0 個子節點，所以是葉節點，就以「return 0;」結束遞迴。完整自訂 h() 程序如下：

```
int h(int data[100000][100],int node){ // 計算節點高度
    int height=0;
    int index=node-1;  // 將節點編號轉為索引
    if (data[index][1]==0) return 0; // 葉節點就結束
    else{
      for(int i=2;i<=data[index][1]+1;i++){ // 依序處理每一子節點
        int temp=h(data,data[index][i])+1; // 取得子節點的高度
        height = max(temp,height); //height 為子節點最大的高度
      }
      return height; // 傳回子節點最大的高度
    }
}
```

範例高度圖

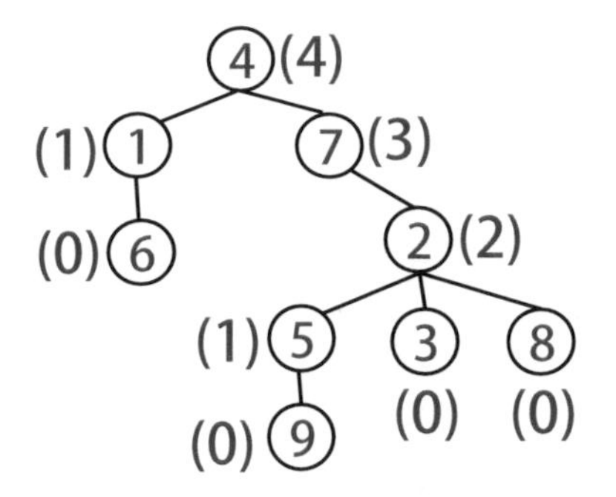

解答（高度總和）為：

h(1)+h(2)+…+h(9)=1+2+0+4+1+0+3+0+0 = 11

3.3 參考解答程式碼

```
1    #include <iostream>
2    using namespace std;
3    #include <string.h>
4
5    int max_hi=0; // 目前最大高度
6    int heightotal=0; // 所有節點最大高度總和
7    int root;      // 根節點編號
8
9    int h(int data[100000][100],int node){ // 計算節點高度
10       int height=0;
11       int index=node-1;  // 將節點編號轉為索引
12       if (data[index][1]==0) return 0; // 葉節點就結束
13       else{
14         for(int i=2;i<=data[index][1]+1;i++){
              // 依序處理每一子節點
15           int temp=h(data,data[index][i])+1; // 取得子節點的高度
16           height = max(temp,height);
              //height 為子節點最大的高度
17         }
18         return height; // 傳回子節點最大的高度
19       }
20   }
21
```

```
22  int main() {
23     int n, first, tem;
         //n 存節點數 ,first 暫存每列子節點數 ,tem 暫存子節點編號
24     scanf("%d", &n);
25     int data[n][100];  //data 二維陣列存全部資料
26     for(int i=0; i<n; i++) {  // 輸入每列資料
27       printf("Input row %d data: ", i+1);  // 輸入列資料
28       scanf("%d", &first); // 輸入 每列子節點數
29       data[i][0] = i+1;     // 第一個元素為列編號
30       data[i][1] = first;  // 每列子節點數
31       if(first>0) {  // 有子節點才輸入
32         for(int j=2; j<=(first+1); j++) {
33           scanf("%d", &tem);
34           data[i][j] = tem;
35         }
36       }
37     }
38     for (int i=1;i<=n;i++){  // 依序計算每一節點的最大高度
39       int hi=h(data,i);    // 節點的最大高度
40       if (hi>max_hi){
           // 如果該節點高度 > max_hi( 目前最大高度 )
41         max_hi=hi;        // 將 hi 設為目前最大高度
42         root=i;           // 將該節點編號設為根節點編號
43       }
44       printf("the height of nod %d=%d\n",i,hi);
          // 第幾個節點、最大高度
45       heightotal+=hi; // 累計所有節點的最大高度
46     }
47
48     printf("%d\n",root);    // 根節點編號
49     printf("%d\n",heightotal); // 所有節點最大高度總和
50
51     return 0;
52  }
```

- 第 23-37 列輸入資料：n 為樹狀圖的節點個數，data 儲存各節點資料。注意節點資料的第一個數值是自行加入，代表節點編號，例如範例二第一筆節點資料輸入「1 6」，data[0] 存為「{1, 1, 6}」；第二筆節點資料輸入「3 5 3 8」，data[1] 存為「{2, 3, 5, 3, 8}」。

- 第 5-7、23 和 15 列建立變數，第 10-11 列建立區域變數。
- 第 9-20 列建立自訂程序 hi(int data[100000][100],int node)，第 11 列將節點編號轉為索引方便以索引讀取 data 陣列資料， 第 12 列如果是葉節點，就結束遞迴並傳回 0 代表高度為 0。
- 第 14-18 列，如果不是葉節點就依序找出該節點中所有子節點的高度，然後將 height 設為該節點中所有子節點裡最大子節點的高度並傳回。
- 第 38-46 列，依序計算各個節點的最大高度，並以 heightotal 累計各個節點的最大高度。
- 第 39 列，取得該節點的最大高度。
- 第 40-43 列，如果該節點高度 > 目前最大高度，設定該節點為最大高度並設為根節點。
- 第 48 列顯示根節點編號，49 列顯示各節點高度的總和。

參考程式檔案

此處附上兩個參考程式檔：<10610_3 樹狀圖 .py> 需自行輸入資料再執行，為方便使用者執行程式，<10610_3 樹狀圖 _data.py> 已將資料建立完成，可直接執行。

實作題 第 4 題：物品堆疊 (Stacking)

4.1 原始題目

問題描述

某個自動化系統中有一個存取物品的子系統，該系統是將 N 個物品堆在一個垂直的貨架上，每個物品各佔一層。系統運作的方式如下：每次只會取用一個物品，取用時必須先將在其上方的物品貨架升高，取用後必須將該物品放回，然後將剛才升起的貨架降回原始位置，之後才會進行下一個物品的取用。

每一次升高某些物品所需要消耗的能量是以這些物品的總重來計算，在此我們忽略貨架的重量以及其他可能的消耗。現在有 N 個物品，第 i 個物品的重量是 w(i) 而需要取用的次數為 f(i)，我們需要決定如何擺放這些物品的順序來讓消耗的能量越小越好。舉例來說，有兩個物品 w(1)=1、w(2)=2、f(1)=3、f(2)=4，也就是說物品 1 的重量是 1 需取用 3 次，物品 2 的重量是 2 需取用 4 次。我們有兩個可能的擺放順序 (由上而下)：

(1,2)，也就是物品 1 放在上方，2 在下方。那麼，取用 1 的時候不需要能量，而每次取用 2 的能量消耗是 w(1)=1，因為 2 需取用 f(2)=4 次，所以消耗能量數為 w(1)*f(2)=4。

(2,1)，也就是物品 2 放在 1 的上方。那麼，取用 2 的時候不需要能量，而每次取用 1 的能量消耗是 w(2)=2，因為 1 需取用 f(1)=3 次，所以消耗能量數 =w(2)*f(1)=6。

在所有可能的兩種擺放順序中，最少的能量是 4，所以答案是 4。再舉一例，若有三物品而 w(1)=3、w(2)=4、w(3)=5、f(1)=1、f(2)=2、f(3)=3。假設由上而下以 (3,2,1) 的順序，此時能量計算方式如下：取用物品 3 不需要能量，取用物品 2 消耗 w(3)*f(2)=10，取用物品 1 消耗 (w(3)+w(2))*f(1)=9，總計能量為 19。如果以 (1,2,3) 的順序，則消耗能量為 3*2+(3+4)*3=27。事實上，我們一共有 3!=6 種可能的擺放順序，其中順序 (3,2,1) 可以得到最小消耗能量 19。

輸入格式

輸入的第一行是物品件數 N，第二行有 N 個正整數，依序是各物品的重量 w(1)、w(2)、…、w(N)，重量皆不超過 1000 且以一個空白間隔。第三行有 N 個正整數，依序是各物品的取用次數 f(1)、f(2)、…、f(N)，次數皆為 1000 以內的正整數，以一個空白間隔。

輸出格式

輸出最小能量消耗值，以換行結尾。所求答案不會超過 63 個位元所能表示的正整數。

範例一 (第 1、3 子題)：輸入

```
2
20 10
1 1
```

範例一：正確輸出

```
10
```

範例二 (第 2、4 子題)：輸入

```
3
3 4 5
1 2 3
```

範例二：正確輸出

```
19
```

評分說明

輸入包含若干筆測試資料，每一筆測試資料的執行時間限制 (time limit) 均為 1 秒，依正確通過測資筆數給分。其中：

第 1 子題組 10 分，N = 2，且取用次數 f(1)=f(2)=1。

第 2 子題組 20 分，N = 3。

第 3 子題組 45 分，N ≤ 1,000，且每一個物品 i 的取用次數 f(i)=1。

第 4 子題組 25 分，N ≤ 100,000。

4.2 解題技巧

struct 結構

許多語言有 structure（結構）語法，可為一個變數設定若干屬性，如此這些屬性就成為一個整體，程式設計者可以很方便存取這些屬性。例如本題中物體有兩個屬性：重量及取用次數，若能建立一個「物體」結構，該結構有重量及取用次數屬性，就可方便的存取該物體的重量及取用次數了！

建立結構的語法為：

```
struct  結構名稱 {
  資料型態 : 屬性1;
  ……
};
```

例如建立結構名稱為 Obje 的結構，此結構包含 weight 及 freq 兩個整數屬性：

```
struct  Obje{
  int weight;
  int freq;
};
```

建立好結構定義後，就可產生結構物件，語法為：

```
結構名稱 物件名稱 ;
```

例如建立 obj1 物件：

```
Obje obj1;
```

設定結構物件屬性值的語法為：

```
物件名稱 . 屬性 = 值 ;
```

例如設定 obj1 的 weight 屬性值為 20：

```
obj1.weight = 20;
```

取得結構物件屬性值的語法為：

```
物件名稱 . 屬性
```

例如取得 obj1 的 weight 屬性值：

```
printf("%d\n", obj1.weight);  //20
```

如何取得最小消耗能量

因為計算消耗能量的方法與「物體重量 * 下一個物體取用次數」有關：第一次是「第 1 個物體重量 * 第 2 個物體取用次數」，第二次是「前 2 個物體重量總和 * 第 3 個物體取用次數」，第三次是「前 3 個物體重量總和 * 第 4 個物體取用次數」，依此類推。由於越後面重量越重，所以越後面「物體重量 * 下一個物體取用次數」的數值應越小越好，即取得最小消耗能量的方法就是將「物體重量 * 下一個物體取用次數」遞減排序。

4.3 參考解答程式碼

```
 1 #include <iostream>
 2 using namespace std;
 3
 4 struct  Obje{  //建立物品結構
 5   int weight;  //重量
 6   int freq;    //取用次數
 7 };
 8
 9 int main() {
10   int N;
11   printf("輸入物品個數：");
12   scanf("%d", &N);
13   Obje obj[N];
14   printf("輸入物品重量：");
15   for(int i=0; i<N; i++) {
16     scanf("%d", &obj[i].weight);
17   }
18   printf("輸入物品取用次數：");
19   for(int i=0; i<N; i++) {
20     scanf("%d", &obj[i].freq);
21   }
22
23   //按obj[j].weight*obj[j+1].freq)<
         (obj[j+1].weight*obj[j].freq排序
24   for(int i=0; i<N-1; i++) {
25     for(int j=0; j<N-1-i; j++){
26       if((obj[j].weight*obj[j+1].freq)>
           (obj[j+1].weight*obj[j].freq)){
```

```
27          // 交換
28          Obje tem = obj[j];
29          obj[j] = obj[j+1];
30          obj[j+1] = tem;
31        }
32      }
33    }
34    int ans = 0;  // 最小能量
35    int weightsum = 0;
36    for(int i=0; i<N-1; i++) {  // 物品逐層處理
37      weightsum += obj[i].weight;  // 前面物品重量總和
38      ans += weightsum * obj[i+1].freq;
39    }
40
41    printf("%d\n", ans);
42
43    return 0;
44  }
```

- 第 4-7 列建立結構，weight 屬性為物品重量，freq 屬性為物品取用次數。
- 第 10-21 列輸入資料。
- 第 24-33 列用泡沫排序法以「objlist[j].weight*objlist[j+1].freq)」遞減排序。
- 第 34-39 列計算最小消耗能量：37 列計算前 n 個物體總和，38 列加總。

參考程式檔案

此處附上兩個參考程式檔：<10610_4 物品堆疊 .py> 需自行輸入資料再執行，為方便使用者執行程式，<10610_4 物品堆疊 _data.py> 已將資料建立完成，可直接執行。

APCS 大學程式設計先修檢測最強考衝特訓班--C/C++解題攻略

作　　者：文淵閣工作室
總 監 製：鄧文淵
企劃編輯：王建賀
文字編輯：江雅鈴
設計裝幀：張寶莉
發 行 人：廖文良

發 行 所：碁峰資訊股份有限公司
地　　址：台北市南港區三重路 66 號 7 樓之 6
電　　話：(02)2788-2408
傳　　真：(02)8192-4433
網　　站：www.gotop.com.tw
書　　號：AER052600
版　　次：2018 年 12 月初版
　　　　　2024 年 01 月初版九刷
建議售價：NT$300

國家圖書館出版品預行編目資料

APCS 大學程式設計先修檢測最強考衝特訓班：C/C++解題攻略 / 文淵閣工作室編著. -- 初版. -- 臺北市：碁峰資訊, 2018.12
面；　公分
ISBN 978-986-476-989-6(平裝)
1.C(電腦程式語言)　2. C++(電腦程式語言)
312.32C　　107020964

本書是根據寫作當時的資料撰寫而成，日後若因資料更新導致與書籍內容有所差異，敬請見諒。若是軟、硬體問題，請您直接與軟、硬體廠商聯絡。